AF346901

Elle sait par ses leçons
inspirer l'amour de dieu
et la vertu.

NOUVELLES PETITES ÉTUDES

DE LA NATURE

ou

Entretiens d'une Mère avec ses Enfants,
sur la Botanique l'Agriculture et l'Histoire
naturelle; mêlés de réflexions morales sur
les merveilles de la Nature;

Tirées des Ouvrages de BERNARDIN DE St. PIERRE;

par Mme ROBERT GUSTAVE.

Ornées de Figures.

PARIS,

CHEZ THIÉRIOT et BELIN, Libraires,
Quai des Augustins, N° 11

— 1824. —

PRÉFACE.

Mon but, en écrivant ce petit ouvrage, est, en amusant mes jeunes lecteurs, d'élever leur ame en les instruisant sur les merveilles de la nature, leur faisant admirer la toute-puissance du Créateur.

Je partagerai mes leçons par matinées ; et, dans nos promenades du matin, nous varierons nos observations, tantôt sur la botanique, l'agriculture, tantôt sur l'histoire naturelle. Je sais bien qu'il y a déjà beaucoup d'ouvrages qui traitent ces matières ; mais presque tous sont d'un style trop élevé, ou trop enfant. Aucun, je m'en flatte, n'est mieux adapté pour l'adolescence. Nous examinerons ensemble jusqu'aux moindres reptiles ; et nous reconnaîtrons toujours les intentions bienfaisantes du grand Architecte de l'univers. J'exciterai leur curiosité, en stimulant leur reconnaissance et leur amour pour Dieu. C'est en leur prouvant que tout ce qui existe a été créé pour notre bonheur et nos besoins, que je les rendrai sensibles et compatissants en les rapprochant de l'homme des champs.

J'extirperai les germes d'orgueil et d'ambition qui croissent trop souvent dans le cœur des enfants élevés dans les grandes villes, et livrés de bonne heure aux études. Ils font généralement

de grandes réflexions sur les épo-
ques de l'histoire ; mais bien rarement ils se reposent sur les
beautés de la nature et la munificence du Créateur : ce qui détruit en eux les dispositions les
plus douces, et fait qu'ils regardent le cultivateur comme
un être purement passif, que
la Providence a destiné de toute
éternité pour subvenir à leurs
besoins. Ils ne voient pas que
cet homme qui leur paraît
inepte a ouvert le grand livre
(le livre par excellence) , et
qu'il se rend par cette science le
confident des secrets de la création.

Cette étude adoucit les cœurs
les plus durs, et amortit toutes

1.

les passions ; elle devient une ressource précieuse dans les jours de l'adversité. Trop heureuse, si j'ai rempli mon but !

NOUVELLES

PETITES ÉTUDES

DE LA NATURE.

PREMIÈRE MATINÉE.

Allons nous promener, mes chers enfants. La nature se réveille, et vient de prendre spontanément son habit de parure ; profitons des beaux jours du printemps pour nous instruire : c'est dans cette saison que la terre nous ouvre son sein, et nous découvre les secrets de la végétation ; elle semble nous prodiguer tous ses trésors : c'est le tableau de la création. Rendons grâce à son auteur, et admirons sa munificence et sa bonté. Ne sentez-vous pas vos cœurs battre à l'aspect

de ce ravissant spectacle ! Écoutez,
mes amis, ce concert de louanges
que forment, en chorus, tous les
habitants de l'air aux premiers rayons
de l'aurore. N'entendez-vous pas les
tendres accents de la fauvette, le doux
ramage du pinson et du rossignol, de
la linote et de l'alouette : tout, jusqu'au
ramier, semble remercier Dieu du
jour qui les éclaire, et de la nourriture qu'il leur prodigue à pleines
mains. Examinons ensemble ces milliers d'insectes qui rampent, ou qui
marchent ; ils semblent tous renaître
au bonheur.

Venez avec moi au bord de l'é-
tang, à l'aube du jour ; vous verrez
tous les poissons, sur la surface de
l'eau, se jouer en signe de reconnaissance de l'existence qu'ils ont reçue.
Et nous, mes amis, nous resterions
tranquilles spectateurs de tant de
merveilles, sans en rendre grâce au

Tout-Puissant qui les a toutes créées pour nous ! Qu'en pensez-vous ?

Ho ! maman , dit Jules , il faudrait être bien ingrat. Je sens mon amour s'accroître par la connaissance que les œuvres du Très-Haut m'inspirent. — C'est , mon ami, le fruit qu'elles doivent produire , ou nous serions bien stupides. Mais , c'en est assez pour aujourd'hui ; demain, de grand matin, nous jouirons du lever du soleil.

—Ho! maman , que nous serons heureux !

SECONDE MATINÉE.

BONJOUR, mes chers amis : c'est fort bien ; vous ne vous êtes pas fait attendre. Nous allons jouir du plus beau coup d'œil que la nature puisse nous présenter. Montons sur ce côteau ; la vue plane au loin, et nous verrons le lever du soleil : cet astre bienfaisant, que nous ne pouvons fixer à midi, dans ce moment semble se prêter à la faiblesse de nos yeux. Voyez avec quelle majesté il se dégage des ombres qui le cachent à nos regards pendant la nuit.

L'habitant des villes, à peine sorti des bras de Morphée, cherche à se créer de nouveaux plaisirs pour la journée qui commence ; qu'il vienne avec nous, il jouira, sans frais, du spectacle le plus ravissant et le plus imposant qu'il ait vu de sa vie. Ne vous semble-t-il pas voir la main du Créateur qui conduit cet astre incompréhensible , qui sèche par degré les gouttes de rosée qui humectent tout en son absence ?

—Oui , maman , nous nous sentons pénétrés par une chaleur douce et une odeur suave qui donnent de l'élasticité à nos membres encore engourdis par le sommeil. Mais , dites-moi , je vous prie , le nom de cette fleur. — C'est une roquette jaune, *sysimbrium t. nuifolium* (tetradynamie siliqueuse). Je l'ai cueillie, en venant, au bord de la muraille. Vous devez connaître cette fleur : c'est elle qui tapisse les fossés des Champs-Élysées de Paris. L'odeur en est douce. Ses quatre pétales sont bien distinctes. Mais il faut, avant tout, mes chers amis , que je vous fasse un petit dictionnaire des mots techniques dont on se sert pour expliquer la construction des fleurs ; sans cela, vous ne pourriez pas me comprendre. Je suis bien aise de voir votre goût pour la botanique.

Le digne Malesherbe herborisait ; il avait depuis long-temps acclimaté chez lui une quantité de plantes, d'arbres et d'arbustes étrangers. C'est une chose étonnante que la naturalisation des productions végétales. Les premiers sujets languissent ; mais leurs rejetons prospèrent : et c'est encore une leçon de morale.

La nature, comme une tendre mère, a voulu donner de l'émulation à ses enfants.

Les cerises ont été le prix de la guerre de Mithridate. Le pêcher vient de Perse, le maronnier de l'Inde, le tulipier de l'Amérique ; dans notre climat il se multiplie à l'infini. Le palmier même ne dédaigne pas d'y couronner sa tête ; mais il refuse d'y produire.

Revenons à notre étude. La corolle est la partie colorée de la fleur
qui enveloppe le germe et les filets
appelés étamine. Linnée, considère
les étamines comme les organes mâles ; et les pistils les organes femelles.
L'étamine est cette espèce de filament
ou filet couronné d'une petite tête
qu'on trouve dans les fleurs. Cette
tête se nomme anthère, et contient la
poussière, ou pollen , qui doit faire
fructifier le germe. Le pistil, toujours
placé au centre de la fleur, est composé de l'ovaire, ou germe, qui gros-
sit, mûrit, et contient les semences
du style ou tube , quelquefois très
alongé , et quelquefois imperceptible, qui surmonte l'ovaire ; enfin ,
du stigmate ou couronnement du
style, de quelque forme qu'il soit :
un seul ovaire porte souvent plusieurs styles. Je vais vous donner
l'explication du système de Linnée,

avec une planche des différentes plantes. Vous pourrez la consulter lorsque vous serez embarrassés.

Exposition du système sexuel de LINNÉE.

On a donné le nom de SYSTÈME SEXUEL à la méthode de Linnée, parce qu'elle a pour base les organes sexuels des plantes, c'est-à-dire, les étamines considérées comme organes mâles, et les pistils comme organes femelles. Linnée a d'abord divisé en vingt-quatre classes les plantes qu'il a décrites. Chaque classe ensuite a été subdivisée en plusieurs ordres ; chaque ordre ou chaque section renferme plusieurs genres, et chaque genre plusieurs espèces.

Linnée n'a point séparé les arbres d'avec les herbes; il a compris toutes les plantes qui ont des fleurs visibles et distinctes, dans les vingt-trois

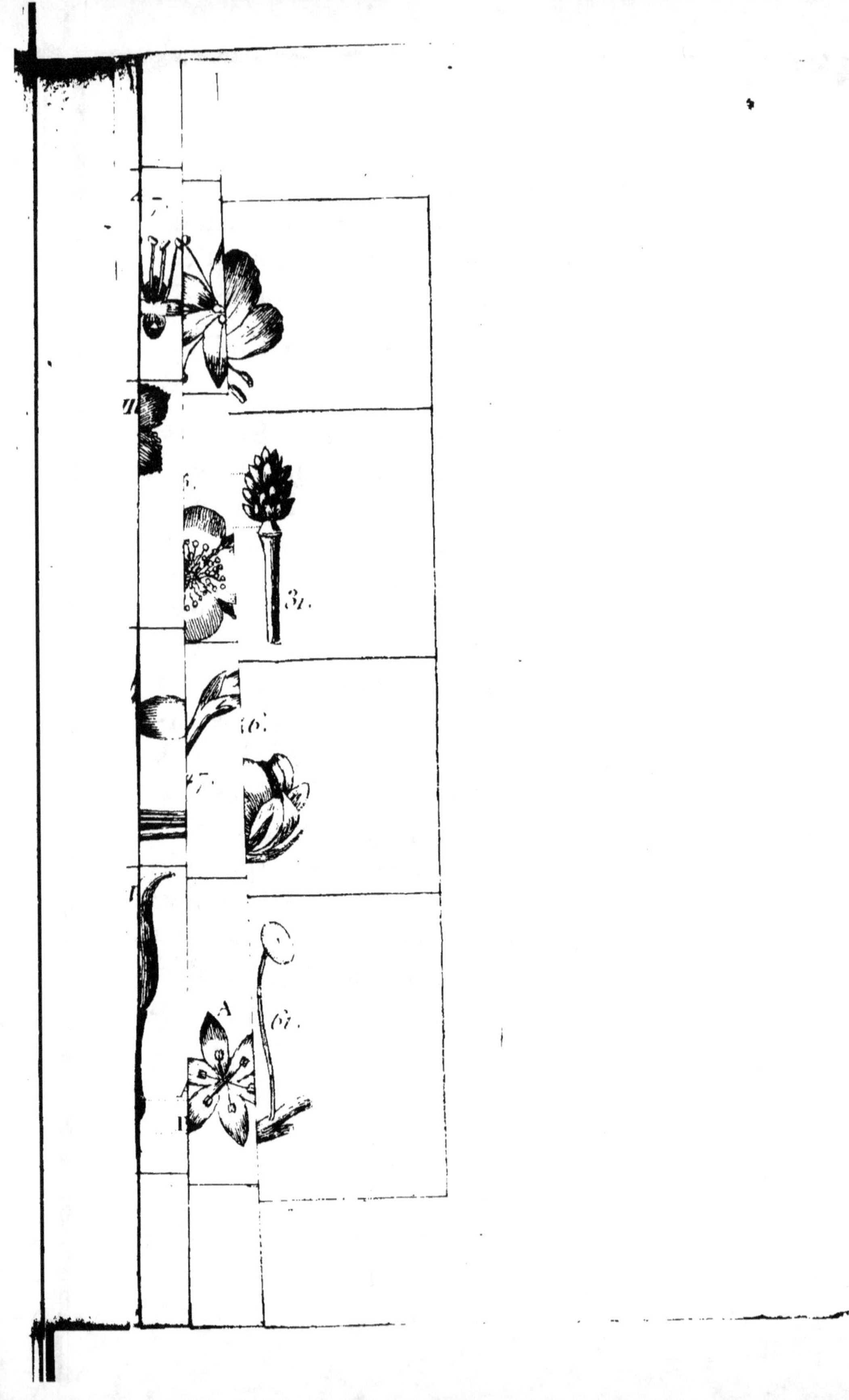

SYSTÈME SEXUEL DE LINNÉE.

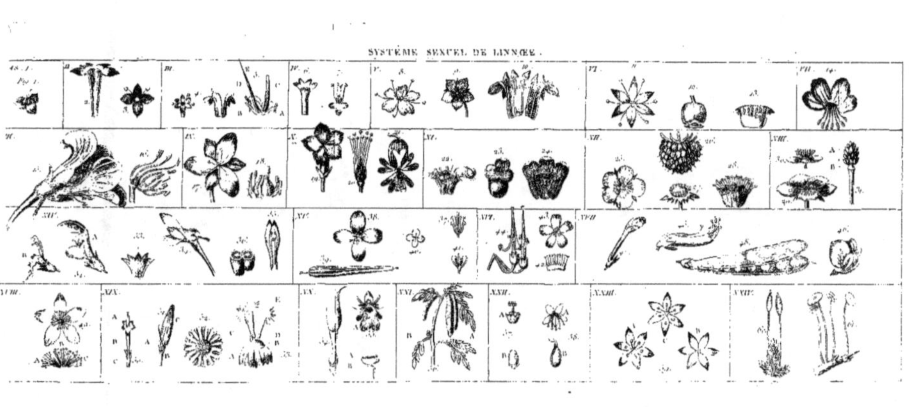

premières classes ; celles dont les fleurs sont à peine visibles , ou qu'on ne voit qu'indistinctement, forment la vingt-quatrième.

Ire DIVISION. *Plantes dont les fleurs sont visibles et distinctes.*

Les treize premières classes comprennent les plantes dont les fleurs sont hermaphrodites , et dont les étamines sont absolument libres et n'ont entre elles ni proportion ni disproportion remarquables. Cependant la douzième et la treizième classes ,indépendamment du nombre des étamines, exigent aussi que l'on considère leur insertion : ou elles tiennent au calice , ou elles n'y tiennent pas.

Classe I. *Monandrie.* Cette classe renferme les plantes (*arbres* ou *herbes*) qui n'ont qu'une seule étamine, *fig.* 1.

Classe II. *Diandrie*, deux étamines, *fig.* 2, 3.

Classe III. *Triandrie*, trois étamines, *fig.* 4, 5.

Classe IV. *Tétrandrie*, quatre étamines, *fig.* 6, 7.

Classe V. *Pentandrie*, cinq étamines, *fig.* 8, 9, 10.

Classe VI. *Hexandrie*, six étamines, *fig.* 11, 12, 13.

Classe VII. *Heptandrie*, sept étamines, *fig.* 14.

Classe VIII. *Octandrie*, huit étamines, *fig.* 15, 16.

Classe IX. *Ennéandrie*, neuf étamines, *fig.* 17, 18.

Classe X. *Décandrie*, dix étamines, *fig.* 19, 20, 21.

Classe XI. *Dodécandrie*, douze étamines, *fig.* 22, 23, 24.

Classe XII. *Icosandrie*, une vingtaine d'étamines insérée sur le calice, *fig.* 25 : on voit mieux l'insertion des étamines dans les *fig.* 27, 28.

Classe XIII. *Polyandrie*, depuis vingt jusqu'à cent étamines, qui ne tiennent point au calice, *fig.* 29 : on voit mieux l'insertion des étamines dans la *fig.* 30.

Dans les XIVe et XVe classes, il faut avoir égard au nombre et à la proportion respective des étamines.

Classe XIV. *Didynamie*, quatre étamines, dont deux petites et deux grandes, *fig.* 32, 34 : on peut mieux juger de la grandeur des étamines, *fig.* 35.

Classe XV. *Tétradynamie*, six étamines, dont quatre grandes et deux petites opposées, *fig.* 38 et 40 : on distingue mieux dans la *fig.* 37 la grandeur des étamines et l'opposition des deux petites.

Dans les classes XVI, XVII, XVIII, XIX et XX, il faut avoir moins d'égard au nombre des étamines, qu'à leur réunion, soit entre elles par leurs *anthères* ou par leurs *filets*, soit avec le pistil de la fleur à laquelle elles appartiennent.

Classe XVI. *Monadelphie*, plusieurs étamines réunies par leurs filets en un corps, *fig.* 43 : on voit mieux cette réunion dans la *fig.* 42.

Classe XVII. *Diadelphie*, plusieurs étamines réunies par leurs filets en deux corps, *fig.* 46, 47 : on voit dans la *fig.* 45, comment les étamines sont réunies.

Classe XVIII. *Polyadelphie*, plusieurs étamines réunies par leurs filets en trois ou en plusieurs corps A, B, C, *fig.* 49.

Classe XIX. *Syngénésie*, plusieurs étamines réunies par leurs anthères, et quelquefois, mais bien rarement, par leurs filets en forme de cylindre, *fig.* 50, A; 51, A, et 52.

Classe XX. *Gynandrie*, une ou

plusieurs étamines réunies et attachées au style, *fig*. 54, 55, A B.

Dans les classes XXI, XXII, XXIII, les fleurs sont unisexuelles, ou du moins, si elles sont hermaphro-dites, elles sont toujours en bien plus petit nombre que celles qui sont d'un seul sexe.

Classe XXI. *Monœcie*, fleurs mâ-les, *fig*. 56, A, et femelles, B, séparées sur le même individu.

Classe XXII. *Diœcie*, fleurs mâles, *fig*. 57, A; 58, A; et fleurs femelles, BB; séparées sur deux individus, les fleurs mâles sur un pied, et les fleurs femelles sur un autre.

Classe XXIII. *Polygamie*, *fig* 59, fleurs mâles, A, et femelles, B, sur un ou plusieurs individus qui portent aussi des fleurs hermaphrodites, c.

La classe XXIV renferme les plan-tes dont les fleurs sont indistinctes.

Classe XXIV. *Cryptogamie*, fleurs

cachées que l'on ne voit point, quelques efforts que l'on fasse, ou que l'on ne voit que très indistinctement, *fig.* 60 , 61.

Les classes n'étant que les premières divisions du système , l'auteur a divisé ses classes de la manière suivante.

Les treize premières classes du système sexuel ont leurs *ordres* ou *sections* , fondés sur le nombre des pistils. Ainsi, une plante qui sera de la classe PENTANDRIE , parce que ses fleurs ont cinq étamines, sera du 1ᵉʳ ordre , *monogynie* , si elle n'a qu'un pistil ; elle sera du II ᵉ ordre , *digynie* , si elle en a deux ; du III ᵉ ordre , *trigynie*, si elle en a trois ; du IV ᵉ ordre , *tétragynie* , si elle en a quatre ; du V ᵉ ordre , *pentagynie* , si elle en a cinq ; du VI ᵉ ordre , *hexagynie* , si elle en a six ; et du VII ᵉ ordre , *polygynie* , si elle a plus de six pistils, ou si elle en a un nombre indéterminé. Ainsi, la fleur dont le calice est représenté *fig.* 28, est de la classe ICOSANDRIE, et de l'ordre *monogynie*; la fleur représentée *fig.* 22, est de la classe DODÉCANDRIE, et de l'ordre *trigynie;* la fleur représentée dans la *fig.* 29, est de la classe POLYANDRIE, comme on le voit par la situation des étamines, *fig.* 30, et de l'ordre *polygynie, fig.* 31, parce que ses pistils, A, sont en nombre indéfini.

La quatorzième classe, la DIDYNAMIE, est divisée en deux ordres très naturels et très aisés à déterminer. Ou les graines sont nues au fond du calice, comme dans la *fig.* 33; ou elles sont renfermées dans une capsule, comme dans la *fig* 36 : or, toutes les fleurs qui sont de la classe *didynamie*, sont de l'ordre *gymnospermie,* quand les graines sont comme dans la *fig.* 33 ; et elles sont de l'ordre *angiospermie*, quand elles sont renfermées dans une capsule, comme dans la *fig.* 36.

La quinzième classe, la TÉTRADYNAMIE, est aussi divisée en deux ordres assez naturels, mais bien moins tranchans. Ou les graines des plantes qui composent cette classe, sont renfermées dans une silicule, *fig.* 41 ; ou bien elles sont renfermées dans une silique, *fig.* 39 ; toutes les fleurs qui seront reconnues pour être de la classe TÉTRADYNAMIE, seront de l'ordre *siliculeuses*, lorsque leur fruit sera une *silicule*, *fig.* 41 ; et elles seront de l'ordre *siliqueuses*, lorsque le fruit sera reconnu pour être une *silique*, *fig.* 39.

Tous les ordres des classes suivantes, excepté ceux de la SYNGÉNÉSIE et de la CRYPTOGAMIE, sont fondés sur les caractères classiques de

toutes les classes qui les précèdent.
Ainsi, la seizième classe, la MONADEL-
PHIE, est divisée en *pentandrie* (en
décandrie, fig. 42) ; en *polyandrie*,
quand les étamines qui sont réunies
en un seul corps par leurs filets sont
au nombre de cinq, de dix, ou en très
grand nombre. De même la dix-sep-
tième classe, la DIADELPHIE, est divisée en *hexandrie*, en *octandrie* (en
décandrie, fig. 45) , quand les étamines réunies en plusieurs corps,
sont au nombre de cinq, ou une
vingtaine insérées sur le calice ; ou
bien quand elles sont en très grand
nombre, et qu'elles n'ont leur insertion ni sur le calice n isur le
pistil.

Jusque-là, quand les étamines et les
pistils sont très apparents, la division
des classes en sections ne devient pas
bien difficile ; mais, dans la classe
SYNGÉNÉSIE, la distinction des ordres

est réellement un travail où l'expérience sert plus que le précepte. Cette classe, qui renferme des fleurs composées de plusieurs autres petites fleurs, est divisée en cinq ordres : 1° en *polygamie égale*, quand toutes les fleurs, qui, par leur agrégation, forment la fleur composée, sont des fleurons ou demi-fleurons hermaphrodites, *fig.* 5o, 51 ; 2° en *polygamie superflue*, quand le centre des fleurs composées est occupé par des fleurons hermaphrodites, *fig.* 5o, et la circonférence, par des demi-fleurons femelles, *fig.* 6o ; ce qui revient aux fleurs radiées de Tournefort ; 3° en *polygamie fausse*, quand les fleurons du disque sont hermaphrodites, et que les demi-fleurons ou fleurons qui occupent la circonférence sont stériles, *fig.* 55 ; 4° en *polygamie nécessaire*, quand les fleurons ou les demi-fleurons du disque sont mâles, *fig.* 61, et que ceux de la circonférence sont femelles, *fig.* 60 ; 5° en *monogamie*, quand les fleurs, sans être composées de fleurons ni de demi-fleurons, ont leurs étamines réunies en cylindre par leurs anthères, comme on le voit, *fig.* 28.

La vingtième classe, la GYNAN- DRIE, est divisée en sept ordres, que l'on saisirait très facilement, si les étamines étaient plus apparentes, et si le point de leur insertion était plus sensible et moins varié. Quand les plantes que cette classe renferme ont dans chaque fleur deux étamines réunies au pistil, ou du moins qui ne portent pas immédiatement sur le réceptacle, elles sont de l'ordre *diandrie*; si elles ont trois étamines, elles sont de l'ordre *triandrie*; si elles en ont cinq, elles sont de l'ordre *pentandrie*; si elles en ont six, de l'ordre *hexandrie ;* si elles en ont dix, de l'ordre *décandrie ;* et, si elles en ont un nombre indéterminé, de l'ordre *polyandrie.*

La vingt et unième classe, la MONŒCIE, comme on l'a dit plus haut, ne renferme que des plantes dont le caractère est d'avoir des fleurs unisexuelles (les fleurs femelles sur le même individu). Les onze ordres qui divisent cette classe, ne sont pris que dans les caractères que fournissent les fleurs mâles : 1° quand chaque fleur mâle n'a qu'une étamine, elle est de l'ordre *monandrie ;* 2° quand elle en a deux ; elle est de l'ordre *diandrie ;* 3° quand elle en a trois, elle est de l'ordre *triandrie ;* 4° si elle en a quatre, elle est de l'ordre *tétrandrie ;* 5° si elle en a cinq, de l'ordre *pentandrie ;* 6° si elle en a six, de l'ordre *hexandrie ;* 7° si elle en a un nombre indéterminé, elle est de l'ordre *polyandrie* (*figures* 56 ; 57); 8° si les étamines des fleurs de la classe *monœcie* étaient réunies en un seul corps, elles seraient de l'ordre *monadelphie;* 9° si elles étaient réunies en plusieurs corps, elles seraient de l'ordre *polyadelphie;* 10° si elles étaient réunies par leurs anthères, elles seraient de l'ordre *syngénésie;* 11° et si les étamines occupaient dans la fleur le lieu qu'occuperait le pistil, si cette fleur était hermaphrodite, elles seraient de l'ordre *gynandrie.*

La classe vingt-deuxième, la DIŒCIE, a ses ordres fondés sur les mêmes principes ; ils sont pris aussi dans les fleurs mâles. Elles sont de l'ordre *diandrie,* quand elles n'ont que deux étamines; de l'ordre *triandrie,* quand elles en ont trois ; de l'ordre *tétrandrie, pentandrie, hexandrie, octandrie, ennéandrie, décandrie, icosandrie, polyandrie,* quand elles sont au nombre de quatre, cinq (*figure* 58 , A), six, huit, neuf, dix , une vingtaine, insérées sur le calice , ou un nombre indéterminé , qui n'ont aucun rapport avec le calice. Si les étamines étaient réunies en un seul corps, comme dans la *figure* 57 , A , elles seraient de l'ordre *monadelphie ;* si leurs étamines étaient réunies en gaîne par leurs anthères , elles seraient de l'ordre *syngénésie ;* si leurs étamines étaient insérées sur le pistil , et non pas sur le calice , ni sur le réceptacle, elles seraient de l'ordre *gynandrie.*

La classe vingt-troisième, la POLYGAMIE , est divisée en trois ordres: le premier est l'ordre *monœcie ;* il renferme les plantes qui , sur le même individu , portent des fleurs hermaphrodites , entremêlées de fleurs mâles et femelles séparées , *figure* 59 , A , B , C. Le second ordre , *diœcie ,* renferme les plantes qui, sur deux individus différents, portent des fleurs unisexuelles et hermaphrodites; c'est-à-dire, des fleurs mâles et des fleurs hermaphrodites séparées sur un individu, et des fleurs femelles avec des fleurs hermaphrodites séparées sur un autre individu de la même espèce. Le troisième ordre, *triœcie*, renferme les plantes qui, sur trois individus de la même espèce, portent sur l'un des fleurs hermaphrodites, sur l'autre des fleurs mâles, et sur l'autre des fleurs femelles.

La vingt-quatrième classe enfin, la CRYPTOGAMIE, a été partagée en quatre ordres : 1° les fougères; 2° les mousses; 3° les algues; et 4° les champignons.

C'en est assez pour aujourd'hui ; demain nous examinerons la division de la corolle.

3.

~~~~~~

TROISIÈME MATINÉE.

BONJOUR, mes amis. Aujourd'hui nous porterons nos pas dans la prairie ; nous y cueillerons de ces jolies fleurs qui semblent délaissées , parce qu'elles n'exigent pas de culture, et qui , pourtant, nous montrent plus particulièrement la prévoyante bonté du Créateur.

Nous devons donc en chercher la loi commune , puis les caractères particuliers. Les fleurs annoncent des fruits ; tel est le résultat du jeu de leurs organes. Mais celles que nous étudierons ce matin ne portent point de fruits : cueillez un coquelicot (polyandrie, monogynie), par exemple ; vous observerez la beauté de sa couleur, et la fragilité de sa riche teinture. Cette fleur porte plus de
~~~~~~

vingt filets noirs, bien frisés ; vous pouvez en compter les étamines. Elle a la propriété de calmer les douleurs des malades, en leur procurant un sommeil bienfaisant : voyez comme Dieu a tout prévu pour nos besoins et nos plaisirs.

Maman, dit Charles, voici un bluet. — Oui, mon fils : c'est le *centaura cyanus* (syngénésie, polygamie fausse). Examinez-le bien ; vous verrez une radiée des fleurons qui compose un disque et une couronne. Examinons les fleurons de la couronne ; nous verrons qu'ils ne contiennent ni étamines ni pistils ; mais, avec une loupe, vous y distinguerez de petits corps cylindriques formés par la réunion de leurs anthères alongées. Cherchons un arrête-bœuf, *ononis spinosa* (diadelphie, décandrie). Chomel le dit propre à toutes les maladies, entre

3..

autres , à la gravelle , à la néphréti-
que, et à l'esquinancie : on peut dire,
en voyant cette fleur, que c'est un
très joli médicament. C'est une petite papilionacée dont l'étendard est
couleur de rose , les ailes blanches,
et la carêne assez large , blanche
aussi , et rose sur sa courbure : cette
fleur se développe fort bien, et forme
très peu de plis. Je promets une petite anecdote à celui d'entre vous qui
m'en apportera une sous calice couvert d'un joli duvet, bien fin et bien
serré, à deux divisions principales. La
partie inférieure , très étroite , a la
forme d'un petit canot ; la partie
supérieure a quatre divisions bien
alongées ; sous l'étendard , la tige de
la plante est très fine, dure, et ligneuse;
sa couleur verte est tachetée de points
bruns, et revêtue d'un petit duvet ;
sa tige èst souvent fort longue, et
rampe quelquefois entre le gazon ,

forme des touffes, et appelle, par ses grâces, la main que déchire sa perfide pointe ; les feuilles en sont très rapprochées et d'un sens opposé , le vert beaucoup plus foncé que le gazon. Une sorte de membrure attache la feuille à la tige : c'est des aisselles de ces feuilles que l'on voit sortir un petit rameau plus ou moins alongé sur lequel se groupent les fleurs : chaque fleur est soutenue de son petit pétiole. A l'extrémité du rameau est une pointe jaunâtre, dure et fine, qui pique comme une aiguille : malheur aux glaneuses qui la rencontrent sous leurs doigts. — Ho ! maman, dit Caroline en accourant , en voilà une. Ho! comme elle est jolie! —Oui, ma fille : c'est très bien ; je vais te donner la récompense promise.

Voici une petite anecdote , qui vous prouvera , mes enfants, combien la science de la botanique est utile pour notre conservation, autant que pour notre agrément. Dans le parc de Sceaux, où je me promenais souvent, je vis un jour deux petits enfants âgés à peu près de cinq ou six ans : ils s'amusaient à cueillir des herbes, et se les jetaient à la figure ; c'était à qui s'en jetterait davantage. Fatigués de cette manière de jouer, ils gagèrent à qui en mangerait le plus. Malheureusement il y avait beaucoup de ciguë : vous savez que c'est un poison subtil, lorsqu'elle n'est pas préparée ; ils en mangèrent beaucoup J'arrivai près d'eux assez à temps pour leur porter des secours prompts. Je fis traire une vache qui se trouvait tout près, et leur fis boire du lait autant que je le pus ; ce qui leur fit évacuer promptement cette méchante herbe, qui leur causa peu de douleur, n'en ayant pas eu le temps. Ces pauvres enfants apprirent, à leurs dépens, à la connaître, et devinrent plus prudents.

— Mais, maman, comment les bestiaux ne s'empoisonnent-ils pas?

— Ho! mes amis, les animaux sont plus sages que nous. La nature leur a donné l'instinct de leur conservation; ils ne marchent même pas sur des plantes dangereuses, et ne prennent jamais que leur suffisance; il n'y a point d'exemple qu'il en soit mort d'indigestion : en les étudiant ils nous donnent plus d'une leçon de tempérance. Reconnaissons encore la bonté du Créateur, et la prévoyance de la nature qui veille à la conservation de chaque espèce. Mais je m'aperçois qu'il est tard; il faut rentrer. A demain.

~~~~~~~~~~~~~~~~~~~~~~~~~~~~~~~~~~~~~~~

QUATRIÈME MATINÉE.

Quel beau temps, mes amis ! Que de plaisirs cette journée nous promet ! Je me suis bien piqué les doigts pour vous cueillir quelques orties blanches. Je ne ferai qu'une légère description de cette fleur. Je vous renvoie, pour ce qui la concerne, aux œuvres de Bernardin de Saint-Pierre. Je ne veux que vous dire son nom, et vous faire observer l'élégance de sa tige ; comme elle est surmontée par de petits anneaux, et sa blancheur : elle se nomme *lamium album* (didynamie, gymnospermie). Elle est employée en médecine, et peut, en cas de besoin, nous tenir lieu de chanvre pour faire du fil. Nous avons aussi l'ortie rouge, la
~~~~~~~~~~~~~~~~~~~~~~~~~~~~~~~~~~~~~~~

jaune, et la morte. L'ortie rouge, *lamium purpureum*, ne pique pas comme les autres. Une tige carrée et rougeâtre supporte les branches opposées par un maigre pétiole, aussi dégarni par la tige principale, qui rampe et se courbe comme elle, jusqu'à ce qu'elle ait acquis la force de se soulever. Les feuilles sont minces, larges à leur base, et se terminent en pointes, découpées sur les bords, et veinées en tout sens; ce qui les fait paraître ciselées. Les fleurs se groupent par étages, comme aux autres orties. Nous ne ferons qu'effleurer ces détails; car notre vie, dût-elle être longue, ne suffirait pas pour cette étude intéressante. Je ne vous arrêterai, mes chers enfants, que sur ce qu'il est essentiel de savoir.

—Ho! maman, voilà Charles avec son chapeau plein de violettes.—Oui,

mes amis, *violeta adorata* (syngénésie, monogamie). Il y aurait beaucoup à dire, mes chers enfants, sur
les charmes modestes de la violette.
Elle aime l'abri que lui prête la
nature : c'est une nymphe timide
qui craint le grand monde ; mais
qui pourtant aime la société, sans
se mésallier. Elle est l'emblème du
vrai mérite ; elle ne présente point
une tête altière au-devant des éloges ;
elle se les attire par toutes ses vertus :
elle est utile même après avoir perdu
les charmes de sa fraîcheur. Examinons cette charmante fleur : elle
s'élève à peine de terre, sur un pédoncule herbacé d'un vert blanchâtre,
à peine pointillé de rouge : sa faiblesse l'empêche de se tenir droite :
deux rudiments de feuilles, ou deux
stipules droites et légères, se remar-
quent sur cette petite tige cannelée.
Cependant il faut la contempler pour

apercevoir la quantité de veines qui nuancent son teint délicat. Son calice a cinq divisions ; la fleur, cinq pétales : l'anthère est jaune, et dans la forme d'une petite flamme. Vous savez combien elle a de propriétés en médecine.

—Voilà, dit Jules, une branche de bouillon blanc, *verbascum album* (pentandrie, monogynie).

Bernardin de Saint-Pierre, que la divine Providence a sans doute choisi pour être l'interprète de ses intentions, nous dit que cette fleur croît à point nommé dans la saison où les rhumes de chaleur la rendent nécessaire. Elle est droite, comme vous voyez. Sa tige est très forte, et la partie ligneuse, que recouvre une peau épaisse, renferme une moelle compacte qui distille le suc béchique dont s'engraissent les parties de la plante ; les feuilles sont larges et

4

épaisses, couvertes, dessus et dessous, d'un duvet chaud et épais, et se terminent en pointe ; mais l'arête du milieu se colle à la tige. Les fleurs se serrent en épis, et s'entremêlent de petites bractées, dont le duvet est bien plus fin que celui des feuilles. Le calice, d'un vert pâle, a cinq divisions assez profondes ; la corolle en a cinq tellement prononcées, qu'on ne saurait d'abord la croire monopétale. Son tissu intérieur a le brillant d'un satin couleur de paille clair. La partie extérieure est blanchâtre ; et un imperceptible roseau de laine lui donne de la rudesse au toucher. Les cinq étamines sont implantées sur la corolle. L'anthère est comme un chaperon de couleur d'orange foncé, au-dessous duquel on distingue une cravate de laine cordée. Le pistil est vert, alongé, bifide ; son ovaire tient au fond du ca-

lice. Il y a plusieurs variétés de *verbascum*, qui ont, à peu près, les
mêmes vertus; tel que le *verbascum
nigrum*, bouillon noir. Les fleurs
en sont beaucoup plus petites que
celles du blanc, et ses étamines
sont violettes. Mais il est tard, il
faut rentrer. A demain, mes chers
amis.

4.

CINQUIÈME MATINÉE.

Pour aujourd'hui, mes bons amis, nous herboriserons fort peu, parce que c'est la fête du village : il faut bien en jouir, et nous procurer le plaisir de voir ces bons villageois. Les réjouissances doivent commencer par une salve d'artillerie, suivie d'exercices gymnastiques où la force et l'adresse seront couronnées. Mais le plus beau prix est réservé à la vertu. Une montre d'or et une couronne de muguet doivent être données au jeune homme dont la piété filiale est la mieux connue.

— Pourquoi, maman, une couronne de muguet ? — Parce que cette fleur est l'emblème de l'amitié et de l'humilité. Vous savez que cette jolie petite fleur

ose à peine se montrer dans nos par-
terres, et que la tendre amitié semble la réunir à ses semblables. La
nature l'a munie d'une large feuille
pour la garantir de l'inclémence des
temps : si vous le remarquiez, quand
il pleut fort, ses feuilles se croisent
au-dessus d'elle pour la mettre à l'a-
bri. Elle a la propriété d'être sternu-
tatoire.

Pour la jeune fille, nous avons une
couronne de roses blanches, emblème
de la virginité, et une chaîne d'or,
image de ce qui doit lier une femme
à tous ses devoirs ; car, malgré sa
faiblesse, ils sont beaucoup plus mul-
tipliés que ceux de l'homme. Combien de vertus ne doit-elle pas acquérir pour faire le bonheur de toute sa
famille ! Tant qu'elle n'est pas ma-
riée, elle doit s'instruire des travaux
domestiques, et être par sa con-
duite la consolation de ses parents.

Dès qu'elle est femme, elle ne doit plus s'occuper que de faire le bonheur de son époux et de la famille que la Providence lui destine. Dès qu'elle est mère, elle doit donner elle-même à ses enfants les premières leçons de religion et de morale. Ah! combien de soins la maternité exige! D'abord, donner le jour à une frêle créature qui ne vient bien qu'avec les plus tendres soins, pour lui former une bonne constitution; ensuite, disposer son ame à toutes les vertus, en arrachant toujours les mauvaises herbes qui cherchent à croître dans les meilleures terres. Vous ne sentirez jamais, mes amis, tout ce que l'on doit à une bonne mère, pas plus que le propriétaire d'un grand verger ne sait ce qu'il doit à son jardinier, pour la bonté des fruits qu'il lui procure. Il croit tout bonnement que c'est son terrain qui les lui donne, parce qu'il ne sait pas que le meilleur plan greffé du meilleur fruit ne produit rien de bon, s'il n'est pas soigné. Quand l'arbre est planté, il faut d'abord ôter toutes les pierres qui se trouvent au pied ; ensuite arracher les herbes parasites qui pourraient y croître, l'émousser, couper les branches mortes, l'écheniller, car ces insectes font plus de tort que les oiseaux. Cela vous prouve, mes amis, que, malgré que la nature semble avoir tout prévu, elle exige de nous beaucoup d'attention et de travail. C'est ce qui donne un plus grand prix à ses dons ; sans cela nous passerions nos jours dans la mollesse et l'ennui, et la lâcheté nous ferait tomber dans la mélancolie. Remercions donc Dieu de tous ses bienfaits, et usons de tout avec reconnaissance. Mais j'entends les chalumeaux et les violons ; à demain nos études.

SIXIÈME MATINÉE.

Bonjour, mes amis : vous êtes-vous bien amusés hier à la fête ?

— Oui, maman.

— Dis-moi, Jules, ce qui t'a fait le plus de plaisir ?

— C'est le discours qu'a prononcé M. le maire, en couronnant la Rosière et le jeune Mathurin.

'— T'en souviens-tu ?

— Oui, maman, il était court et simple. « Approchez, mes amis, leur dit-il ; venez recevoir le prix de vos vertus : jusqu'à présent vous en avez donné l'exemple à tout le village. Si l'on cite un garçon sobre et laborieux, on nomme Mathurin ; une fille soumise, pieuse, et charitable, c'est vous, ma chère Charlotte. Conservez, tous deux, cette piété filiale, et surtout cette candeur qui vous sied si bien, et qui est le plus bel ornement de votre âge. Je me trouve heureux d'être l'organe de tous ceux qui vous admirent, et je partage bien sincèrement la joie de vos chers parents ». Il les embrassa tous deux, et tout le monde chanta ce couplet, accompagné de la musique :

> Goûtons en paix les dons de nature,
> Et livrons-nous aux innocents plaisirs
> Qui, dans ce jour, sur la tendre verdure,
> Viennent en foule accomplir nos desirs.

Ensuite les jeunes gens se mirent à danser; et les vieux, assis sur l'herbe, racontaient les folies de leur jeunesse. C'est ainsi que la journée a fini.

—Il me semble, mon ami, que cette fête vaut bien une soirée de la ville.

—Ho! maman, infiniment mieux.

On se sent le cœur et l'ame satisfaits. Je n'ai pas éprouvé cette inquiétude vague qui me poursuit toujours dans le grand monde.

—C'est, mon fils, que dans le monde l'art et la politique font tous les frais des fêtes qu'on nous donne ; et qu'à la campagne , c'est la nature et la vertu qui président à toutes les parties.

Mais, reprenons notre étude. Je viens de cueillir un brin de pervenche, *vinca major* (pentandrie , monogynie). C'est une fleur qui aime la solitude , dont le philosophe de Genève a tiré plus d'une allégorie; elle courbe sa tête avec une grâce modeste. Vous voyez qu'elle est d'une couleur lilas , tirant sur un bleu d'azur. Sa corolle monopétale a cinq divisions coupées carrément, et sans régularité. Il serait trop long de nous arrêter sur tous les détails de cette plante. Je vous dirai seulement que l'on cultive dans les jardins une pervenche couleur de rose qui nous vient de Madagascar ; mais je préfère la noble simplicité de la pervenche indigène.

Hier, revenant du village, j'ai cueilli une tige de réséda sauvage, ou gaude, *reseda nutiola* (décandrie, trigynie). Il se trouve dans des décombres, ou dans de vieilles bâtisses où quelque parcelle de terre suffit pour le faire végéter. Il est l'image d'une personne élevée à la sobriété ; il lui faut fort peu de chose pour son entretien : il n'en est pas moins fort utile à la société ; cette fleur sert à la teinture jaune. Il est un autre réséda qui se colore davantage, et qui s'élève beaucoup moins. Les feuilles en sont plus larges, et l'odeur fort agréable. Tel est le fruit de l'éducation qui donne des talents agréables ; ils séduisent d'abord, comme

le parfum du réséda des jardins :
mais il n'est pas si utile à la société
que celui des murs, qui semble abandonné parce qu'il n'attire point par
son odeur suave ; car, pour nous plaire , il faut nous flatter. En voilà assez,
pour ce matin.

Demain, pour changer nos promenades , nous irons dans le bois.

SEPTIÈME MATINÉE.

Allons, mes amis, dans les bosquets. En nous instruisant, nous y entendrons la musique mélodieuse de leurs habitants. Écoutez : quel accord divin ! Vous reconnaissez ici plus qu'ailleurs la toute-puissance du Créateur.

—Oui, maman: mais, au milieu de ce concert délicieux, n'entendez-vous pas comme nous de petits coups de marteau qui se succèdent assez rapidement ?

—Oui, mon fils. Levez les yeux vers ce grand chêne, vous verrez le pivert. Examinez son beau plumage varié de noir, de vert, et de rouge. Lui n'a pas reçu du ciel la mission de nous enseigner la musique, mais il est chargé de la conservation des arbres. La nature lui a donné un bec aigu et fort avec lequel il frappe à coups redoublés pour percer l'écorce la plus dure, et en tirer les vers qui vivent entre le bois et l'écorce; sans lui les arbres seraient minés par les insectes et mourraient.

Voyez comme tout est prévu par la Providence. Nous avons aussi le fourmilier, oiseau moins gros que le pivert, destiné à détruire les fourmis qui viennent en foule manger nos plantes. La nature lui a donné une langue d'environ trois pouces de long, en forme de ver. En commençant sa chasse, il étend sa langue en terre, et fait le mort; les fourmis, trompées par cet appât, se jettent dessus pour dépecer ce ver; mais par un mouvement prompt, la langue se retire, et s'étend de nouveau pour multiplier le nombre de ces victimes imprudentes, comme l'observe M. Ranch. Quelques fourmiliers apprivoisés seraient plus efficaces dans

nos jardins que toutes les drogues que
l'on emploie pour détruire les fourmis.
Cet aimable écrivain nous rapporte
dans ses Annales un fait assez curieux.
Il dit qu'un jour les cultivateurs prus-
siens portèrent plainte à Fréderic le
Grand, contre tous les oiseaux, et de-
mandèrent leur extermination. Alors
le roi ordonna qu'il serait compris
dans la capitation un certain nombre
de têtes de moineaux que les rece-
veurs seraient obligés de prendre pour
numéraires. Ce mode de perception
avait tellement diminué les oiseaux,
que les insectes et les scarabées
avaient coupé toutes les productions.
On fit encore des plaintes au roi, qui
fut forcé de faire prendre une mesure
opposée. Il ordonna d'apporter autant d'oiseaux vivants qu'on en avait
apporté de morts. Cela prouve bien
que le grand Ordonnateur de l'univers a tout prévu dans sa sagesse, et

5.

que rien de ce qui existe n'est inutile ; que l'homme ne peut être sincèrement religieux qu'en étudiant les
chefs d'œuvre de la nature ; qu'elle
le force de remonter à son auteur,
et de sentir sa supériorité sur toutes
les autres créatures.

Comment, après avoir bien examiné
tous les mystères de la création peut-
on douter de l'immortalité de l'ame,
et d'un corps nouveau dans l'autre vie !
Examinons la chenille et le papillon ;
quoique le même individu, ils ne se ressemblent plus du tout. Regardez bien
la chenille ; elle a une mâchoire assez
forte pour manger les feuilles d'arbres
même les plus dures. Le papillon n'a
qu'une trompe, avec laquelle il aspire
le suc des fleurs, et en prend si peu à
chacune, qu'il a l'air de ne faire que
les saluer.

La chenille rampe, et le papillon
s'élève jusques aux nues. Quelle diffé-

rence de forme et de parure ! Le papillon semble entièrement détaché de la terre, et ne faire société qu'avec les dieux ; tandis que la chenille ne s'occupe que de ses besoins journaliers, et vit dans la société la plus abjecte. Croirait-on, si on ne le voyait pas, qu'il fût possible de changer ainsi de caractère et de forme. Hé bien ! pourquoi ne croyons-nous pas aussi facilement tous les mystères de la religion que ceux de la nature ? C'est parce que nous voyons les uns par les yeux du corps, et les autres par ceux de la foi. Mais pourquoi celui qui a fait les uns ne ferait-il pas les autres ? — Ho ! maman, nous sentons fort bien la justesse de vos observations, et nous croyons tous les mystères sans examen. — C'est fort bien, mes amis. Mais je m'aperçois que nos réflexions nous ont menés beaucoup plus tard que je ne pensais ; ainsi à demain.

5..

HUITIÈME MATINÉE.

J'ai remarqué hier, mes chers enfants, que vous preniez plaisir à entendre le récit de la métamorphose de la chenille et du papillon ; ce qui m'a déterminée à vous entretenir aujourd'hui d'un instrument qui a la propriété de grossir considérablement les objets, et qui nous aidera à découvrir d'autres merveilles de la nature : nous allons passer dans la chambre voisine ; c'est-là que je l'ai fait dresser.

—Tu veux nous attraper, maman ; c'est une lanterne magique que tu vas nous faire voir.

—Mes chers amis, votre mère ne cherchera jamais à vous tromper, ni en plaisantant, ni autrement.

L'instrument dont je vous parle est un microscope solaire : ce nom lui vient de ce qu'il n'agit qu'avec le secours du soleil dont les rayons se réfléchissent sur une surface blanche, de la même manière que la lumière de la lampe dans la lanterne magique.

—Est-ce que nous verrons polichinelle avec sa femme, et toutes les figures comiques qui nous ont tant fait rire à la foire.

—Vous êtes maintenant d'un âge à né plus vous amuser de pareilles sornettes. Les objets que j'ai à vous montrer méritent davantage votre attention, puisqu'ils doivent servir à vous convaincre que tout ce qui est dans l'univers est l'ouvrage d'un Être infiniment puissant, qui a tout fait, qui a tout prévu, et qui n'a rien omis de ce qui pouvait contribuer au bien-être de la créature la plus parfaite.

Soyez donc attentifs à mes leçons, et passons dans mon cabinet. Vous voyez que j'ai fait fermer toutes les issues qui pourraient donner passage à la lumière : c'est afin que notre expérience ait un succès plus complet ; l'obscurité générale qui règne dans l'appartement fait ressortir plus vivement le seul rayon lumineux qui nous arrive par le tube du microscope. Maintenant approchez, et dites-moi ce que vous voyez.

— Nous voyons l'ombre d'un rond de dentelle magnifique ! En voici un autre qui est encore plus beau ?

Mais dis-nous, maman, pourquoi nous montres-tu tous ces morceaux de dentelles ?

— Vous pourriez fort bien vous tromper, mes enfants, en prenant ceci pour de la dentelle. Il vous serait difficile à la vérité de deviner ce que c'est ; c'est pourquoi il faut que je vous en donne moi-même l'explication. Ces espèces de réseaux dont vous admirez la contexture ne sont autre chose que des tranches de différentes branches extrêmement minces, et de racines qui ont été coupées en travers pour montrer la forme des pores qui servent de conduits à la sève. J'en ai un grand nombre à vous montrer : quand vous les aurez assez vues, nous passerons à autre chose.

— Je les trouve fort belles. Mais j'avoue que je suis impatiente de la nouveauté.

— Je vous montrerai d'abord une collection de feuilles qui, dépouillées de l'épiderme, laissent leurs fibres entièrement à découvert.

— On dirait également que c'est de la dentelle ; mais les dessins sont bien différents de ceux du bois.

— Passons à autre chose : voici

une aile de perce-oreille (*fig.* 1, *pl.* 1re).

— Quelle grandeur monstrueuse ! Je ne me serais jamais imaginé que le perce-oreille eût des ailes.

— C'est qu'elles se replient en plusieurs doubles, et se cachent sous une enveloppe écailleuse qui empêche qu'on ne les aperçoive.

— J'ai tellement peur qu'il m'entre dans les oreilles, ou qu'il me morde, que je m'en éloigne toujours le plus que je peux.

— Ces craintes sont sans fondement. Les pinces dont sa queue est armée n'ont de formidable que l'apparence ; presque sans consistance, elles ne peuvent agir que sur les fleurs les plus délicates.

Mais revenons à notre microscope. Ce fut au moyen de cet instrument que l'on découvrit la cristalli-

Nitre ou Salpêtre.

Camphre.

Manne.

sation des sels. Ce phénomène offre une infinité de merveilles aux yeux des admirateurs de la nature. Je vais vous en soumettre des exemples qui ne pourront manquer de vous être agréables, tant sous le rapport des formes que sous celui des mouvemens.

— Expliquez-nous d'abord, maman, ce que l'on entend par cristallisation.

— Il est d'ordinaire, toutes les fois qu'une substance a été dissoute par un liquide, que ses parties intégrantes tendent à se rapprocher, et se réunissent. Ce sont ces agglomérations que l'on appelle cristaux, nom qui s'applique particulièrement à celles formées par des sels. On en distingue de si petits qu'il serait difficiles de les apercevoir sans microscope : mais ce ne sont pas les cristaux de roche, qui pour l'ordinaire forment des masses assez considérables. La même substance produit toujours les mêmes cristallisations ; c'est une règle générale : aussi est-il facile d'y reconnaître l'altération ; elle devient sensible lorsque le cristal est formé de l'union de différentes matières. Une expérience vous rendra sans doute cette explication plus claire. Prenons une goutte de salpêtre dans l'état de dissolution ; la voici (*fig.* 2 , *pl.* 1re) : elle présente en apparence une surface de plusieurs pieds d'étendue. Si vous regardez attentivement , vous pouvez apercevoir le mouvement qui se fait sur les bords ; on dirait que c'est un filet d'eau qui circule à l'entour.

— Nous voyons en effet un mouvement général semblable à celui d'une multitude d'aiguilles qui se croiseraient dans tous les sens : c'est un spectacle curieux en vérité ; je passerais des heures entières à l'admirer.

— Je vais la retirer, et mettre à la place une goutte de camphre.

— Oh! que c'est joli! C'est absolument la forme d'étoiles (*fig.* 3).

— Voici maintenant une cristallisation de manne (*pl.* 1re, n° 4).

— Comme ses bords sont hérissés de pointes! on dirait que ce sont des franges. Ses lignes se réunissent, et forment des groupes qui lui donnent quelque ressemblance avec une plante marine appelée goêmon.

Ces expériences m'amusent beaucoup plus que les autres. J'aime à voir comment ces dissolutions, par une suite de mouvements extrêmement curieux, arrivent à se congeler, et se forment en cristaux réguliers.

— Les phénomènes dont la nature est remplie sont une des plus grandes

sources de jouissance qui nous soient
accordées.

Nous les retrouvons partout, à
chaque instant, à chaque pas ; et,
comme le Créateur avait voulu nous
rappeler l'égalité dans laquelle il
nous a fait naître, il a voulu que tous
les hommes y fussent également sensibles. Il n'en est pas un qui ne sente
son cœur s'épanouir à la vue du spectacle pompeux que présente une belle
matinée ; il est enchanté lorsqu'il
arrête ses regards sur les beautés de
la végétation, et sa surprise augmente,
quand, passant au règne animal, il
considère les mœurs et les habitudes
de chaque individu. La nature, prodigue dans ses bienfaits, lui offre partout des chefs-d'œuvre à admirer.
Si la nuit vient lui dérober ces merveilles, elle lui en découvre aussitôt
de nouveaux. Il élève ses yeux vers

le ciel, et il aperçoit dans l'espace une infinité de soleils, dont la lumière étincelante éclaire des milliers de mondes, peuplés d'habitants sans nombre. De quelque côté qu'il tourne ses regards, il ne voit rien qui ne mérite de fixer son attention : la terre, l'air et la mer lui présentent des phénomènes qu'il ne saurait se lasser d'admirer.

Je vous ai promis, mes chers enfants, de vous témoigner de quelque manière ma satisfaction, lorsque vous auriez contracté l'habitude de vous lever aussitôt qu'on vous appelle, et de vous habiller en moins d'un quart d'heure. Il est temps aujourd'hui que je tienne ma promesse ; car je ne me rappelle pas que depuis près de quinze jours vous m'ayez donné une seule fois occasion de vous faire des reproches à ce sujet. C'est pour cela que je me suis procuré un microscope d'une confection plus parfaite que l'autre, à l'aide duquel vous pourrez observer les individus les plus petits qu'il nous soit possible d'apercevoir dans le règne animal. Remarquez bien que je dis les plus petits qu'il soit possible d'apercevoir, et non pas les plus petits qui existent : ce serait une assertion que je n'oserais prendre sur moi d'avancer; attendu qu'il peut fort bien y en avoir qui, par leur extrême petitesse, échappent à notre vue. Toute l'industrie humaine n'a encore pu parvenir à composer un verre capable d'embrasser le *grand* et le *petit* de la nature. Cependant la découverte du télescope et du microscope nous ayant conduit à celle de plusieurs étoiles et de plusieurs espèces d'insectes dont nous ne soupçonnions même pas l'existence , il serait possible que, portés à un plus haut degré de perfection, ces instruments nous en fissent dans la suite apercevoir de nouveaux. C'est ici qu'il nous faut admirer la puissance infinie du Créateur, cette puissance sans bornes, qui se manifeste aussi bien dans la structure de l'animal le plus imperceptible que dans celle de ce vaste univers. Rendons hommage à sa bonté, qui se plaît à répandre le bonheur et la vie parmi ses créatures; depuis l'éléphant jusqu'au ver, il n'en est point qui n'ait ses plaisirs et ses jouissances. Sa sagesse paraît dans tous ses ouvrages, et nous sommes forcés de la reconnaître à chaque instant, soit que nous élevions nos regards au ciel et que nous mesurions l'espace qui nous sépare des étoiles, soit que nous les abaissions vers la terre et que nous étudiions la forme et le caractère des êtres innombrables qu'elle nourrit. Ce microscope va vous en fournir la preuve.

Prêtez votre attention aux objets

que je vais vous montrer. Bien des raisons nous portent à croire que chaque partie de la nature renferme des êtres vivants. Plusieurs philosophes en ont fait l'expérience ; ils en ont trouvé partout, même dans l'air : mais un plus grand nombre s'est présenté à leurs yeux, quand ils ont examiné les liquides ; par la raison sans doute que cet élément se prête davantage à l'observation par la propriété qu'il a d'être transparent, et de servir de conducteur aux rayons visuels. Voici un peu d'eau fangeuse que j'ai recueillie dans un fossé ; nous allons en faire l'examen : mettons-en une goutte dans le microscope, et vous me direz ensuite ce que vous voyez (*fig.* 1, *pl.* 2).

— Nous apercevons quelque chose de semblable à un petit ver coupé de divers anneaux, qui va en se recourbant aux deux extrémités ; il est vert

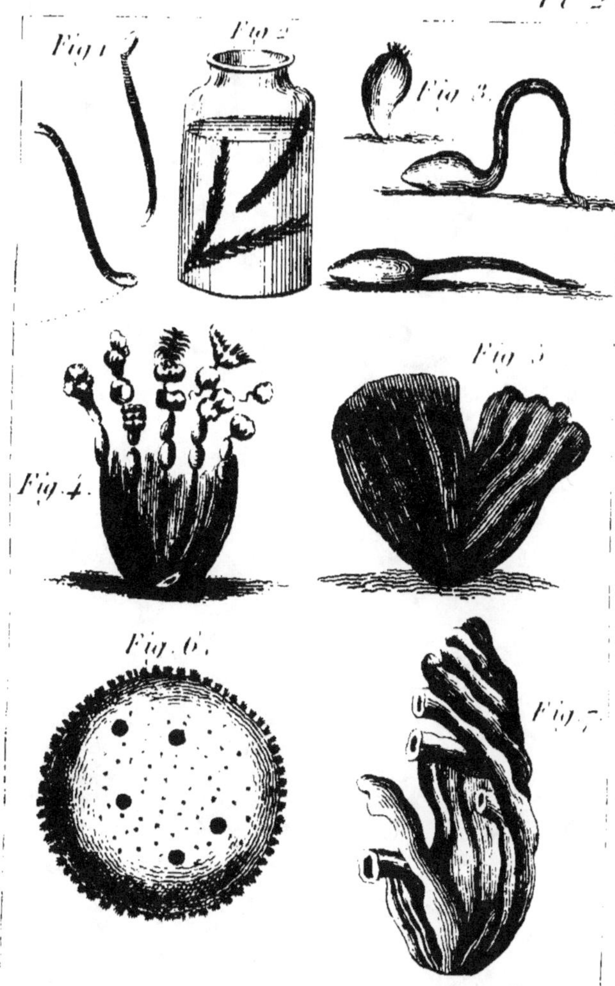

Pl. 2.
Fig. 1.
Fig. 2.
Fig. 3.
Fig. 4.
Fig. 5.
Fig. 6.
Fig. 7.

et presque transparent. Ah! le voilà qui se remue; il reste fixe sur l'une de ses extrémités, tandis que l'autre s'agite en divers sens. Mais je ne sais quelle est la tête ou la queue, car on n'y distingue point d'yeux.

— Cet insecte est appelé *délié* à cause de sa forme. Quelle que soit la grandeur que lui prête le microscope, il est en effet si petit, qu'un espace d'un pouce carré suffit pour en contenir un million. Ils paraissent s'éviter mutuellement les uns les autres, et ne pas aimer à vivre en société. Cependant en voilà dans ce bocal (*fig.* 2, *pl.* 2) qui se forment en corps régulier, et montent à la surface où ils prennent une légère teinte bleu d'azur. Ils descendent maintenant, et ne forment plus qu'une seule compagnie. Mais quels sont ceux qui s'efforcent de gagner le haut du vase? C'est encore une armée composée de plu—

sieurs milliers de ces mêmes insectes. Observons.Comme leurs mouvements sont lents ! Mais voilà ceux du bas qui se séparent : pourquoi cela ? C'est pour faire place à ceux du haut qui s'avancent et desirent passer au milieu d'eux ; preuve qu'ils ne sont pas entièrement dépourvus d'intelligence. Ce fut à Norwich, dans les fossés d'un vieux château, que l'on fit la première découverte de ces insectes. Ils en couvraient le fond à plus d'un pied de hauteur, et formaient une espèce de vase de couleur verdâtre. Je vous laisse à juger à quel nombre prodigieux pouvait s'élever cette multitude, puisque ce simple bocal en renferme une quantité innombrable.

— En distingue-t-on de plusieurs espèces?

— La nature, qui semble se plaire à mettre de la variété dans ses productions, n'a pas trouvé dans la petitesse de ces insectes un obstacle à suivre le même plan qu'elle paraît avoir adopté pour les grandes classes. Nous en connaissons de plusieurs espèces, et rien ne nous garantit qu'il n'en existe pas un plus grand nombre.

— Je présume, maman, que tu vas nous en montrer quelque autre.

— Jalouse de satisfaire une aussi louable curiosité, je me suis procuré plusieurs liquides dans lesquels nous trouverons autant d'animaux différents. Remarquez dans ce verre cette tumeur glutineuse qui s'échappe des fleurs qui sont dans l'eau pour venir s'attacher aux parois du vase. Si j'en prends sur la pointe d'un canif, je suis sûre qu'en délayant cela dans une goutte d'eau, il en sortira une quantité d'insectes protées.

— Est-ce que c'est là le nom qu'on leur donne?

— Oui, mes enfants, à cause de la facilité qu'ils ont de changer de forme à chaque instant. Si vous regardez à travers le microscope, vous en verrez qui nagent avec une agilité singulière, tantôt alongeant leur cou en avant, tantôt le recourbant comme celui d'un cygne, et quelquefois le rentrant de manière à ne laisser voir à sa naissance qu'une forme circulaire semblable à une roue (*fig.* 3, *pl.* 2).

Voyons dans ce vase, où j'ai fait mettre une lentille sauvage (*fig.* 4, *pl.* 2), si nous n'apercevrons pas quelques fleurs-cloches, ou, comme d'autres l'appellent, le polype emplumé. Ces animaux se réunissent, et vivent en société dans une espèce de case fermée d'une substance glaireuse, qui, dans l'eau, ressemble à une cloche, dont la partie évasée serait tournée vers le haut. Ces cloches ont à peu près la dimension d'une

moitié de groseille, et sont trans-
parentes ; ce qui permet de distinguer clairement les mouvements de
leurs habitants. Elles paraissent divisées en plusieurs compartiments ,
dans chacun desquels est logé un insecte ; chaque division n'a d'ouverture que juste ce qu'il faut pour laisser passer la tête et une partie du
corps de l'animal , qui ne quitte jamais entièrement sa case , et qui
quelquefois s'y renferme tout-à-fait,
lorsqu'une violente secousse lui pré-
sage quelque danger. Outre cette fa-
culté de se mouvoir en particulier,
ils ont encore celle d'agir en corps,
et de porter leur habitation d'un lieu
à un autre : on en trouve quelquefois qui se tiennent droits , et d'autres
dont la partie supérieure s'incline
vers sa base. Le nombre de ces insectes qui vivent ainsi en communauté ne passe jamais quinze ; et

s'il arrive qu'ils se multiplient au-delà, la cloche se divise perpendiculairement, et forme deux républiques distinctes, absolument indépendantes (*fig.* 5, *pl.* 2).

Je vais vous montrer le polype globule (*fig.* 6, *pl.* 2), ainsi nommé à cause de sa forme, qui ressemble à celle d'une boule, sans que rien n'y indique, ni tête, ni queue, ni nageoires.

— Cependant il se meut dans tous les sens, à droite et à gauche; tantôt tournant sur lui-même, comme une boule, tantôt se roulant et déroulant comme une corde, et quelquefois précipitant, quelquefois ralentissant ses mouvements. C'est un spectacle curieux en vérité. Il est parfaitement transparent, à l'exception de cinq ou six petites taches noires: tout son corps est hérissé de poils mobiles.

— Ce sont là , sans doute , les instruments à l'aide desquels l'animal exécute ces divers mouvements. Mais voici une autre espèce de ces mêmes animalcules , qui forment entre eux une république , et se trouvent sur les côtes de Norfolk. Ils habitent de petites cases en forme de tube (*fig.* 7, *pl.* 2) , composées d'une matière sablonneuse , et unies entre elles comme des morceaux de corail ; ce qui leur a fait donner le nom de tubipores. Ce sont des vers formés de plusieurs anneaux que l'animal a le pouvoir d'étendre ou de contracter à volonté. Sa tête n'est pas ce qu'il y a de moins curieux ; elle est garnie d'un double rang de bras disposés dans un ordre régulier , et qui vraisemblablement lui servent à porter sa nourriture à la bouche. Les cases dans lesquelles il se retire sont un mélange de sable et d'écailles extrêmement fines , dont il forme un ciment au moyen d'une humeur visqueuse qu'il tire de son corps.

— Plus nous écoutons, et plus nous sommes ravis de voir l'admirable variété qui règne dans la forme et dans les mœurs de ces petites créatures, aussi-bien que dans les ressources que la nature a placées auprès d'elles.

— Cependant je ne vous en ai montré qu'un fort petit nombre, et des moins remarquables. Le mélange de différentes matières combinées ensemble en produit qui sont variés à l'infini ; et si je ne craignais de fatiguer votre attention, je vous en citerais un ou deux exemples.

Les enfants. — Oh ! nous t'en prions, maman, continue ; nous ne sommes pas du tout fatigués.

—Prenons cette pâte qu'on a laissée fermenter pendant quelques jours. N'y apercevez-vous pas un mouvement général qui fait présumer qu'il est peuplé d'êtres vivants ?

— Pour nous en assurer, nous n'avons qu'à la soumettre au microscope.

— Vous pouvez distinguer maintenant la vivacité de leurs mouvements. Ce sont des animalcules semblables à ceux que l'on voit en si grand nombre dans le vinaigre. Plusieurs expériences ont été faites à ce sujet par des naturalistes distingués ; et tous ont prétendu avoir trouvé des animalcules dans les substances mêmè les plus mortes en apparence. Nous en avons en effet une preuve dans les pommes de terre cuites ou crues, lorsqu'elles ont séjourné quelque temps dans l'eau. C'est au microscope que nous sommes redevables de toutes ces découvertes merveilleuses. Je me réserve de vous en montrer d'autres à l'avenir. Mais c'en est assez pour aujourd'hui ; il faut varier nos occupa-

tions. Vous allez vous disposer pour
la promenade ; et si vous avez quelque question à m'adresser , je me ferai un plaisir d'y répondre.

NEUVIÈME MATINÉE.

BONJOUR, mes chers enfants; où porterons-nous nos pas aujourd'hui. — Toujours, s'il vous plaît, maman, dans la prairie; je crois qu'il y a encore bien des plantes que nous n'avons pas examinées. — Vous avez raison, mes enfants; et ce printemps ne suffira pas pour les connaître toutes : mais je vous expliquerai celles que je connais, à mesure qu'elles se rencontreront. Voici une tige de millepertuis, *hypereum perforatum* (polyadelphie, polyandrie). La tige de millepertuis est ligneuse et ronde; en la touchant, on sent de petits renforts; et, comme les rameaux sont opposés en croix, l'arrête se déplace, d'espace en espace, de manière à se trouver toujours au-dessous d'eux. Dans cha-

que intervalle, ses feuilles sont percées d'une infinité de pores, ce qui
lui a fait donner le surnom de *perforatum*, ou plante excessivement poreuse. Ces feuilles sont sessiles, courtes, arrondies, et étroites, sans aucune découpure ; le vert en est vif :
on les voit opposées ; et de chacune
de leurs petites aisselles s'échappe un
petit pédoncule qui porte, dans la
même forme que le rameau, six petites feuilles d'une extrême délicatesse.
Malgré la petitesse de ses feuilles,
le millepertuis tient beaucoup de
place. Ses rameaux, au sommet desquels sont toujours les fleurs, font
avec la tige principale l'effet d'une
colonne autour de laquelle on rangerait des pots de fleurs. C'est ainsi que
les étamines et leur anthère, les cinq
pétales roulées en cône, les boutons,
s'ouvrent, s'aplatissent, et laissent
passer les faisceaux d'étamines. Le

calice a cinq divisions profondes, et chacune d'elles supporte un des pétales. On fait de l'huile avec le mille-pertuis. La vertu des simples est d'une connaissance indispensable. Quelle douce occupation de chercher dans ces dons de la nature le remède à tous nos maux, de jouir à la campagne avec profusion de ce que l'on a peine à se procurer à la ville ! Toutes et chacune de ces plantes disent ensemble : Je suis utile aux hommes, et beaucoup d'hommes ne sont bons à rien, par paresse ou par égoïsme.

Arrêtons-nous maintenant à la reine des prés, *spiroca ulmarea* (icosandrie, pentagynie). Sa beauté est imposante ; elle fait à elle seule les honneurs de la prairie ; elle exhale le plus doux parfum. Sa tige s'élève souvent jusqu'à près de trois pieds, et prodigue ses rameaux autour d'elle. Le palais de cette reine est un empire. Sa tige a cinq cannelures teintes irrégulièrement d'un rouge de feu ou d'un vert tendre. Ses feuilles, plus multipliées à sa base, sont aussi plus garnies et plus développées; elles sont portées sur des rameaux ligneux, comme celles du rosier : mais les folioles n'ont pas des pétioles particuliers; elles sont sessiles; et, entre les grandes feuilles sur le même rameau, des rudiments, des essais de feuilles en grand nombre, en attirant l'abondance du suc dont la plante est pourvue, garnissent toujours davantage ses épais rameaux. La feuille de la reine des prés est pinnée avec interruption : le point où la tige laisse échapper la feuille est entouré d'une feuille ronde en collerette, et découpée comme les autres. La feuille qui termine le rameau n'est point entièrement séparée des deux divisions, qui, au contraire, la complètent :

elles sont si profondes qu'on sup-
poserait trois feuilles, et il n'y en a
qu'une. La feuille est d'un vert noir,
comme celle de l'orme, à laquelle elle
ressemble; elle est presque blanche en
dessous, comme si elle était doublée
d'une gaze transparente. Les fleurs
sont placées au sommet de chaque
branche, d'où elles semblent s'élancer
et former un bouquet de fleurs blanches admirable. Elle a une quantité
d'étamines jaunâtres. On distingue
aisement les cinq petits pistils à têtes
blanches, qui ont chacun leur ovaire
vert. La corolle a cinq pétales blancs
comme la neige, arrondis, et ne tenant au calice que par un onglet très
léger.

Vous voyez, mes amis, que cette
plante n'a point usurpé le titre de
reine des prés: encore n'ai-je fait
qu'une esquisse de sa beauté.

Il est tard, il faut rentrer.

~~~~~~

DIXIÈME MATINÉE.

BONJOUR , mes amis. En passant au travers du bois , j'ai cueilli une hyacinthe', *hyacinthus non scriptus* (hexandrie , monogynie), pour vous la faire admirer, et vous conter l'histoire de sa naissance. La Fable nous dit que c'était un beau jeune homme, favori d'Apollon , et qu'un jour où les dieux faisaient une partie , il lança à son favori le disque fatal dont il le tua. Le dieu s'affligea ; et, pour éterniser sa mémoire , et prouver son repentir , il le métamorphosa en fleur. Le jeune Hyacinthe n'eut rien à regretter , puisque Apollon, tous les printemps, tourne sur lui ses plus doux regards. Il est presque toujours placé près d'un ruisseau. C'est une plante
~~~~~~

bulbeuse ; elle a pour racine une bulbe ou ognon. L'ognon se multiplie par caïeux qui se détachent, ce qui ajoute aux moyens de reproduction de cette jolie plante. Avec un bon microscope on peut voir dans un ognon de fleur la plante entière qui doit s'y développer et en sortir. On en a transplanté dans les jardins ; mais en leur donnant une plus riche parure, on ne les a pas rendus plus agréables : on a doublé leurs pétales aux dépens de leurs étamines.

Combien de pauvres humains ont fait comme eux, ont doublé leur fortune aux dépens de leur probité ! L'art a pu changer quelque chose dans les hommes, comme dans les fleurs ; mais l'expérience nous apprend à deviner leur origine, malgré la munificence qui les entoure.

Voici encore une très jolie fleur ; c'est la capucine, le *tropæolum majus*

(octandrie, monogynie). Cette fleur
nous vient du Pérou dont elle est
le cresson. Nous en mangeons aussi :
mais elle échauffe beaucoup. La capucine, comme toutes les fleurs qui
ont besoin d'appui , a des tiges rondes, dont les extrémités se roulent
et s'adaptent comme des nœuds de
rubans à tout ce qu'elles rencontrent.
Si elle ne trouvait rien pour s'ap-
puyer , elle tomberait à terre , et se
détruirait par l'humidité. Elle est l'emblème d'une vierge du Soleil ; c'est
toujours vers lui qu'elle se tourne ,
et ne laisse voir à ses admirateurs que
le dessous de ses feuilles , et l'éperon
de ses fleurs. Plusieurs personnes ont
surpris, avant et après le coucher du
soleil , des éclairs sur la fleur des ca-
pucines ; et un savant admirateur de
la nature dit que l'image de la divinité rayonne par reflet sur quelques-
uns de ses ouvrages , et assure avoir

vu dans ses voyages aux Indes une auréole sur la tête de saints missionnaires qui prêchaient l'Évangile aux idolâtres : ce qui appuie cette idée, c'est que les martyrs l'avaient tous en mourant pour la foi. Enfin, mes amis, il est très vrai que l'étude de la nature nous rend sensibles et religieux, et qu'elle nous fait voir Dieu partout.

Revenons à notre capucine. Ne trouvez-vous pas qu'elle ressemble parfaitement à un parasol ; elle semble posée sur sa tige, et l'intérieur en est d'un travail admirable. Examinons-la bien, et vous m'expliquerez sa complexion.

Il est tard, il faut nous séparer.

ONZIÈME MATINÉE.

Bonjour, mes chers enfants. Aujourd'hui, pour varier nos études, nous irons dans le jardin, et je vous apporte un petit pot de sensitive. Voyez cette timide plante; si l'on en approche la main, elle s'incline jusqu'à terre : elle est bien l'emblème de la pudeur et de la sagesse. Elle prévoit l'orage: quand nous lui voyons baisser sa tête sans qu'on la touche, c'est un signe certain de tonnerre et d'éclairs; et pendant que le nuage s'éloigne, elle se relève avec majesté. Voyez quel chef-d'œuvre de la toute-puissance divine ! Mais encore pour qu'une main téméraire ne puisse la cueillir, sa tige est garantie par une épine qui vous défend de la toucher.

—O, maman, vous avez raison, tout est miracle dans la nature. — Cela est vrai, mon fils, plus d'un impie s'est converti en l'étudiant. Nous allons en voir un plus grand dans l'aloès. Cet arbuste nous vient d'Afrique : vous savez qu'il ne fleurit que tous les cent ans. Nous en avons aussi du cap de Bonne-Espérance : il y en a de plusieurs sortes , mais tous mettent le même temps à leur floraison. La fleur ressemble un peu au narcisse; les feuilles sont d'un blanc plus mat et aussi épaisses que le velours de coton. Lorsque le temps de s'épanouir est arrivé , le bouton s'ouvre au moment où le disque du soleil passe dessus, et fait en s'ouvrant le bruit d'un coup de canon ; elle répand autour d'elle pour un instant une odeur balsamique. Je ne saurais, mes amis, vous expliquer la sensation que j'ai éprouvée parmi ces arbres : en me promenant ,

8.

j'en examinais attentivement la structure, quand tout à coup j'entendis
une détonnation comme d'artillerie.
Je ne sais si c'est surprise ou électri-
cité, mais je fus plus d'un quart
d'heure, émue et tremblante. J'en
cueillis quelques fleurs pour les examiner : elles n'ont qu'un calice assez
profond ; je n'ai pas vu d'étamine.
Les feuilles de l'arbuste sont extrêmement épaisses, longues et pointues,
dentelées et piquantes à peu près
comme les cardons d'Espagne. Elles
ont une espèce d'arête, au milieu,
qui se termine en pointe assez aiguë.
Le bois de la racine en est fort dur.
Tout dans cette plante est employé en
médecine : je suis fâchée que nous
n'en ayons pas dans notre jardin. Sa
culture ne me paraît pas demander
beaucoup de soins, puisqu'elle est très
commune en Angleterre. J'ai observé
que cette plante est l'emblème de

notre vie. Elle est, comme je vous ai
dit, cent ans à fleurir, et aussitôt
qu'elle est cueillie elle se fane. J'en
avais trois ou quatre que je voulais
apporter chez moi pour les conserver dans l'eau ; je n'en eus pas le
plaisir. Avant que j'eusse quitté le
jardin, elles étaient jaunes et molles
comme une pommade. Ce n'est donc
que par son utilité qu'elle est esti-
mable.

En voici une autre, nommée la
grenadille, ou passi-flore, appelée
communément *la fleur de la passion*. Examinez - la bien ; vous y
verrez tous les instruments de la
passion de Notre Seigneur. Sur de
petites tiges droites sont posées les
figures de ce qui a servi au sup-
plice d'un Dieu. Voyez ce pal si-
nistre qui porte les cinq clous ; le
roseau qui soutient l'éponge ; le marteau renversé au milieu d'une cou-

ronne d'épines; et ses étamines qui semblent couleur de sang. Cette fleur a l'avantage de grimper partout. Elle paraît nous poursuivre, pour nous retracer l'image d'un Dieu mourant pour nos péchés.

— Mais, maman, pourquoi cette fleur n'est-elle pas plus souvent sous nos yeux? Elle nous rappellerait l'amour de Dieu pour les humains. — Vous avez raison, mes enfants: mais, soit parce qu'elle est triste, ou par insouciance, nous ne la cultivons presque pas, quoiqu'elle pousse facilement partout.

Au devant des croisées de presque tous les presbytères, en Angleterre, il y en a une plante; et, chaque matin, en ouvrant la fenêtre, on est forcé d'élever son ame vers son Rédempteur. Cette pensée est tout-à-fait chrétienne.

— Oh! maman, je viens de voir un joli lézard; mais c'est un être bien sauvage. — Je crois, dit Jules, qu'il est bien vieux ; car, depuis que j'ai l'âge de raison, je l'observe. Son trou est derrière l'abricotier - pêche. Il n'est pas sauvage , mais il ne sort qu'au soleil. C'est un aimable animal; j'aimerais bien qu'il nous donnât le temps de contempler la variété de ses couleurs.

— C'est bien aisé, mon ami. Va chercher ta flûte , et joue-lui un air bien tendre , où il y ait beaucoup de modulation. Tu le verras sortir , et rester en place tant que tu joueras. Mais je te préviens qu'il aime la bonne musique.

Je vais vous conter comment j'ai fait la découverte que tous les reptiles aiment la musique.

Nous fîmes, mon père et moi , la partie d'aller visiter un vieux château abandonné , situé près du Jura , entre quatre montagnes , sur un terrain aride et sauvage. Plusieurs de nos amis voulurent en être ; nous décidâmes d'y passer la journée, et d'y faire porter des vivres et nos instruments, pour jouir de l'écho que les spacieux appartements vides nous promettaient. En arrivant, nous visitâmes depuis les souterrains jusqu'aux greniers ; nous n'y trouvâmes rien qui pût nous inquiéter. Cela fait, nous dînâmes sur une terrasse qui donnait sur le parc. Après le dessert, nous fîmes un quatuor : l'air de *Charmante Gabrielle* fut répété avec plaisir. A nos modulations, nous vîmes sortir, d'un gros mur qui nous adossait, un vieux lézard blanchi par les ans. Il semblait électrisé par nos sons. Nous cessâmes, pour voir si c'était bien cela qui l'avait attiré : il rentra dans son trou. Nous recommençâmes ; il ressortit. Mais bientôt après, nous nous trouvâmes entourés de serpents et de vipères que Terpsichore nous avait amenés. Lorsque nous vîmes tant d'hôtes inattendus, nous leur donnâmes un concert dans les règles ; et nous eûmes le plaisir de les voir tous se replier, et s'étendre avec un air de volupté. Nous cessâmes ; ils partirent aussitôt, chacun par un chemin différent, sans nous approcher. Vous voyez, mes amis, que ces animaux ont les organes bien sensibles. Mais je m'aperçois que nous avons beaucoup outre-passé le temps de notre promenade. A demain nos observations.

———

DOUZIÈME MATINÉE.

Vous voilà, mes chers enfants ; avez-vous rêvé du lézard ? — Oui, maman ; je vous assure que nous nous procurerons le plaisir de faire connaissance avec lui. — C'est bien. Je vais vous indiquer un autre plaisir, qui vous surprendra davantage. Les poissons aiment aussi la musique. J'en fis l'expérience sans m'y attendre. Marchons ; chemin faisant, je vous conterai cela.

J'étais à Londres lorsque le lord-maire, ou le roi de la cité, fit une excursion sur la Tamise ; cela a lieu souvent dans l'été. Il a, pour cet effet, un joli vaisseau bâti exprès pour une partie de plaisir. Ce vaisseau n'a qu'un pont et un premier étage ; un très beau salon, où

il y a un grand orchestre et beaucoup de musiciens. Les cuisines sont
sur le derrière; on y fait de forts
bons dîners en bonne compagnie ;
ensuite on danse. Sur la fin du jour
on donne un concert. J'étais, pour
le voir rentrer, sur la montagne de
Richemont, dont le pied est baigné
par ce fleuve. Le concert était excellent. Nous vîmes une quantité prodigieuse de poissons, sur la face de
l'eau, tout autour du vaisseau. Ils
nous semblaient asphyxiés par le
plaisir. Nous pûmes en prendre avec
la main, sans qu'ils cherchassent à
nous échapper. Quelques personnes
prétendirent qu'ils étaient attirés par
l'odeur des différents mets qui avaient
été servis au dîner ; mais ce n'est pas
cela, puisque, dès que la musique
cessait, ils replongeaient. Cela n'est-
il pas bien extraordinaire ?

— Oui, maman : mais comment

se peut-il que quelques personnes n'aiment pas la musique ? — C'est qu'ils ont l'ame aride et le cœur froid. Je suis sûr qu'un homme qui n'aime pas la musique n'est pas sensible.

Continuons notre étude, puisque nous voilà, sans y penser, dans la prairie. Cueillons la primevère, *primula veris officinalis* (pentandrie, monogynie). Les bergers aiment beaucoup cette fleur ; ils la regardent comme la fille aînée du printemps. On l'appelle aussi perce-neige. Les amants l'attendent avec impatience, pour les aider à présenter leurs hommages aux tendres objets de leur affection, faute d'éloquence : cette charmante fleur parle pour eux ; c'est à qui la découvrira le premier, pour la présenter à celle qu'il aime. C'est un arc-en-ciel terrestre ; elle en a les douces couleurs. Le céleste nous annonce, dit-on, la paix de Dieu avec les hommes : mais la primevère nous annonce celle de la nature avec nous ; elle nous assure que la terre n'a pas renoncé à produire. Elle est le précurseur de Flore et de Zéphire : aussi le jeune berger dit-il à sa maîtresse en lui présentant cette fleur : c'est l'emblème du bonheur que j'espère ; elle a votre innocence et votre fraîcheur ; elle vous peint mon respect et mon amour. Tous les printemps il renaîtra comme elle, et comme elle il percera la neige de l'hiver de nos ans.

— Oh ! mais, maman, les bergers font d'assez jolis compliments.

— Eh ! pourquoi pas, mes amis ! Il n'est pas besoin de rhétorique pour exprimer ce que le cœur sent et desire.

Mais examinons notre fleur. Comme sa tige est souple et légère ; comme les fleurs paraissent peu rassurées contre la fureur des vents glacés. Le calice, comme vous voyez, est d'un tissu mince, et d'un vert tendre ; il est disposé en soufflet à cinq faces, avec cinq nervures, qui en déterminent le jeu. Je vous laisse examiner toutes ces beautés ; vous m'en rendrez compte.

Mais voici un liseron, *convolvulus arvensis* (pentandrie, monogynie). Mon petit liseron est l'image de l'enfance ; il ne peut croître qu'étant soutenu ; pour s'élever, il s'accroche à tout ce qu'il rencontre. Cette petite plante sent l'orange ; sa tige rampante est fine, flexible, et carrée, ce qui la rend un peu plus forte. Ses feuilles sont alternes et taillées en cœur ; le petit pétiole qui les soutient est creusé comme un petit canot pour l'écoulement des gouttes de pluie qui les inonderaient sans cela.

Cette fleur est une corolle monopétale, évasée comme un entonnoir dont les bords se renversent un peu ; elle est blanche, au fond nuancée de rose sur les bords. Cette fleur est souvent pliée en cinq parties comme un bonnet carré. Au total, elle est très jolie.

Il y a aussi le grand liseron des haies qui s'entrelace dans les épines, et s'attache à tous ses voisins : ce n'est pas qu'il leur rende un grand service ; mais il emprunte leur force pour se soutenir ; et quand la hache les abat, il tombe avec eux. Il y a dans le monde bien des liserons qui s'attachent aux courtisans en faveur, et qui tombent avec eux sans jamais se relever.

C'est assez : il se fait tard ; il faut rentrer. A demain.

———

TREIZIÈME MATINÉE.

Bonjour, maman. Nous avons trouvé une singulière fleur; elle semble portée sur un ballon.

—Voyons, mes amis : c'est l'utriculaire. Vous l'avez trouvée sur l'eau ? — Oui, maman. — C'est une espèce d'outre gonflée d'air qui la porte. Vous voyez que tout ce qui existe a été créé avec l'intention de conserver chaque chose, chaque plante, et chaque individu. Croyez-vous que le hasard seul ait présidé à un ensemble aussi parfait ? — Non, maman, cela ne se peut pas. — Examinons la cotonneuse bardane qui doit croître dans des lieux arides. Elle est entourée de larges feuilles qui forment autant de bassins qui reçoivent l'eau des pluies, et la portent à sa racine par un petit canal creusé sur le pédoncule qui les soutient. Cherchons ensemble tous les phénomènes de la nature ; nous en trouverons à chaque pas. Regardez le trèfle des prés à fleurs jaunes , il se resserre et se contracte à l'approche de l'orage; des fleurs qui dorment le jour , d'autres qui dorment toute la nuit : ce sont celles que l'on appelle belles de nuit et belles de jour.

Nous ne devons étudier que pour devenir meilleurs et plus humains.

Nous voyons beaucoup de plantes se prêter un mutuel appui; les insectes mêmes, tels que l'abeille , la fourmi, et la cigale, s'entr'aider dans leurs travaux et dans leurs besoins.

Et nous , créés à l'image d'un Dieu dont la munificence surpasse notre intelligence , nous restons tranquilles spectateurs des maux d'autrui , sans chercher à les alléger par nos biens ou nos consolations ! Nous croyons réellement posséder en toute propriété les dons de la Providence, et nous en usons avec profusion, sans réfléchir que ce n'est qu'un prêt qui nous a été fait, et dont nous devons payer au ciel l'intérêt, et ici-bas le capital.

Il faut, mes chers enfants, profiter de toutes les leçons que l'étude de la nature nous donne : c'est doubler son existence que de devenir meilleur en s'instruisant.

C'est assez prêcher. Voici une autre jolie fleur ; c'est l'anémone gentille, *anemone nemorosa* (polyandrie, pologynie).

La Fable nous dit qu'Adonis fut métamorphosé en anémone, nom qui en grec veut dire vent : aussi cette fleur est-elle fort légère.

Il y en a une autre qui a reçu le nom d'*anemone pulsatilla*. Les culti-

vateurs la nomment herbe de Pâques
ou coquelourde. Celle que nous a-
vons *sous les yeux* est l'anémone gentille. Elle s'élève peu : sa tige est
mince , ronde , et rougeâtre ; un petit poil follet la recouvre ; ses feuilles
se groupent, comme vous voyez.
Les pédoncules de ses feuilles sont
des membranes rougeâtres à l'extérieur, blanchâtres en dedans , et creu-
sés comme des pirogues d'Écosse :
leur triple réunion embrasse la tige.
La feuille qui se trouve à l'extrémité
de chacune de ces pédoncules est pal-
mée ou digitée en trois parties , chacune très profondement. Le tissu des
feuilles et leurs nombreuses dente-
lures rendent leur structure très élégante ; elles forment une corbeille de
laquelle sort la gentille fleur. Elle n'a
point de calice : sa corolle semble
d'ivoire , dont les pétales sont ver-
meillées : elles sont au nombre de six ,

en deux cercles , divisées par trois : leur circonférence présente une gerbe d'étamines inégales et sans nombre : les anthères s'y balancent en équilibre : le pistil forme une petite forêt d'un joli vert.

L'autre anémone, surnommée l'herbe de Pâques, n'est pas aussi élégante. Au pied d'une tige verdâtre et velue l'on voit trois feuilles vertes , digitées, dont les trois divisions sont découpées en lanières d'une finesse admirable. Vers le haut de la tige vous distinguez une espèce de calice qui l'entoure , et dont les divisions sont multipliées à l'infini ; ce qui lui donne l'air d'une balustrade à l'extérieur d'une tour. La substance de cette espèce de calice semble du cuir par son épaisseur : un duvet long et soyeux lui prête sa blancheur. La fleur est au-dessus de ce faux calice ; elle forme par la réunion de ses six pétales une sorte de coque

alongée : trois de ces pétales sont insérées entre les trois autres, et par
leur assemblage donnent l'image d'un
vase de porphyre.

Au total, l'anémone coquelourde
représente une bourse de soie à moitié remplie d'or. En voilà bien assez
pour la reconnaître.

Le soleil devient trop chaud ; il
faut rentrer, mes amis. A demain.

———

QUATORZIÈME MATINÉE.

Bonjour, maman. Nous ne nous lassons pas de chercher, et d'admirer. Nous avons trouvé cette fleur dans un fossé; elle ressemble un peu au chou - fleur. Comment se nomme-t-elle?

— C'est l'hièble, *sambucus ebulus* (pentandrie, trigynie). Cette fleur pullule dans les fossés, et laisse voir entre ses grandes feuilles d'un vert foncé un bouquet arrondi de fleurs blanches, dont l'odeur est aussi agréable que celle de ses feuilles l'est peu.

C'est un secret que la nature garde à elle seule. Elle ne veut pas nous dire la raison de la différence des parfums produits par la diverse élaboration des sucs. L'arrosement d'une essence parfumée communique aux feuilles et au bois l'odeur qu'on veut leur donner ; la fleur seule n'en reçoit jamais d'impression. Elle est l'image de notre ame : la douleur du corps, même les difformités, n'en changent pas la nature ; elle se communique, pour ainsi dire, à tout ce qui nous entoure, sans rien perdre de son élévation. Elle se fait distinguer même sous les haillons de la misère, comme notre hièble se fait reconnaître dans la fange des fossés. Sa tige est courte et épaisse, garnie d'une moelle compacte et légère comme celle du sureau avec lequel elle a quelque rapport ; sa tige est cannelée, et rayée de deux verts différents. Ses feuilles sont composées et opposées ; le pédoncule qui les porte est large, substantiel, et comme un petit canal pour l'écoulement des eaux, au pied de sa tige cachée par les masses de feuilles. Le nombre des folioles n'est pas déter-

miné ; il s'en trouve toujours une ter-
minale , c'est-à-dire , impaire à l'extrémité. Les autres sont opposées , et
ressemblent un peu par leur découpure à celles du saule, d'un vert foncé
dessus, et plus clair dessous ; quelquefois il sort de petites feuilles plus délicates entre la tige et la branche.
Chaque fleur, portée sur un petit pétiole , se groupe avec d'autres, et forme des panicules qui se rattachent à
d'autres.

Chaque fleur , comme vous voyez ,
est fort blanche. Avec le temps vous
découvrirez son calice ; il se distingue
par de petites pointes roses et arrondies : cinq étamines blanches , avec
de longues anthères , sont au milieu.
Trois panicules remplissent les trois
concavités du calice destiné à mûrir
ses graines. On lui attribue des vertus
salutaires, particulièrement dans l'hy-
dropisie : aussi se multiplie-t-elle à

l'infini. La fleur se métamorphose en petites baies noires et charnues.

Allons, mes chers amis, marchons dans ce temple toujours ouvert à l'homme, où, comme le dit Bernardin de Saint-Pierre, par une suite de merveilles incompréhensibles, et surtout inimitables, la Divinité se joue de la puissance et de l'orgueil humain : elle les combat en leur jetant des fleurs. Si des maux aigus rappellent plus vivement aux hommes leur extrême faiblesse, ces fleurs qu'elle leur présente recèlent un fruit précieux dont les sucs les soulagent dans leurs maux.

Ce charmant écrivain nous a réellement appris à connaître la divinité.

Je vais vous faire voir la sauge des prés, *salvia pratensis* (diandrie, monogynie).

C'est toujours avec regret que je vois faucher, parce qu'on emporte ce beau tapis si agréable aux yeux.

La sauge est une espèce de labiée, et pourtant n'en fait pas partie. Elle n'a que deux étamines, attachées par une espèce de ressort à la lèvre inférieure. Le pistil est extrêmement long entre les deux anthères dressées au-dessus des étamines. La fleur est d'un beau bleu ou violet ; son odeur est forte, et sa propriété très connue.

Une autre production charmante, et qui n'est pas assez admirée, c'est la petite joubarbe, *sedum album* (decandrie, pentagynie). Elle fleurit sur les vieux murs et sur les toits ; elle couronne aussi les pierres usées dont les supports sont guirlandés de capillaire. Le temps, la vétusté, les pluies, et les insectes, tout concourt à produire sur les pierres mêmes le lichen aplati, dont les contours affectent la forme de roses. Une espèce d'humeur ou terre productive croît sur le lichen :

il y croît aussi une mousse fine de laquelle vous voyez bientôt s'élever des fleurs.

Examinez cette plante avec attention, vous y verrez une tige ronde et rouge; elle a pour feuilles de petites excroissances charnues, sans pétioles, sans arêtes, sans filets, sans aucunes veines apparentes, et disposées alternativement; elles sont rougeâtres en dessus, et vertes par dessous.

Si vous ouvrez cette feuille avec une épingle, il en sort une eau salutaire à beaucoup de maux. Messieurs de la Chapelle et Tissot la recommandent en topique dans les convultions des enfants. Au bout de la tige se forme sur plusieurs rameaux qui s'en détachent un joli bouquet de petites fleurs blanches, montées en corymbes. La petite corolle et les filets des étamines sont blancs; les anthères forment de petits points bruns; les pistils sont rosés ; ce qui donne à cette fleur un très joli aspect. Sur son lit de mousse elle a un petit air de souverain.

En voilà assez, mes enfants, pour vous la faire connaître. Il est temps de rentrer. A demain.

QUINZIÈME MATINÉE.

Bonjour, mes bons amis. J'arrive avec une branche de vipérine, *echium vulgare* (pentandrie, monogynie).

Cette plante croît toujours au bord des chemins, et dans les coins les plus désagréables. La nature l'a munie de tout ce qu'il faut pour sa défense ; elle est robuste et armée d'une pointe serrée, dure, et piquante : elle s'élève assez haut. Ses feuilles longues, et placées irrégulièrement, ont une défense du même genre : leur partie supérieure est comme une râpe. Celles de la base sont plus grandes et plus multipliées ; c'est comme un buisson épineux. Chaque feuille soutient un pédoncule qui se charge de fleurs sur un de ses côtés ; elles s'y rangent deux

10..

à deux. En vous promenant, vous examinerez cette fleur, et vous réfléchirez, comme moi, qu'il n'y a pas d'égalité parfaite dans la nature ; que toutes les plantes ont reçu d'elle une place et une propriété particulières ; et que ce mot égalité n'est qu'une chimère dont on use très mal à propos. Plus vous vous instruirez, et plus vous en serez convaincus.

Tous nos philosophes modernes qui ont parlé d'égalité n'ont jamais pu la trouver, parce qu'elle n'existe, ni physiquement, ni moralement. Si la nature l'eût permis, il en serait résulté une uniformité désagréable dans ses productions, et dans les hommes beaucoup moins d'émulation, parce qu'il n'en existe pas un qui ne cherche à réparer d'un côté ce qui lui manque de l'autre. S'il est né rachitique et petit, il fait ce qu'il peut pour acquérir des talents qui réparent les dé—

fauts de sa conformation; et il acquiert au moral ce qui lui manque au physique.

Vous voyez, mes amis, que cette tendre mère a tout prévu.

Voici une crête-de-coq, *rhinanthus crista galli* (didynamie, angyospermie).

Cette petite plante abonde dans les terres et dans les prés. C'est un fléau pour les cultivateurs, parce qu'elle pullule à l'excès, et que sa tige dure, ligneuse, mêlée dans le fourrage, ne nourrit point les bestiaux, et leur fait trouver le foin mauvais. Elle a aussi le défaut de stériliser le sol, parce que les autres plantes ne peuvent pas vivre avec elle. C'est l'emblème des mendiants de profession. Dès qu'ils ont reçu l'hospitalité dans une maison, ils n'en sortent plus, et deviennent si exigeants que l'on est souvent obligé de changer de place pour s'en défaire.

— Mais, maman, dit Caroline, vous nous avez toujours prêché la charité, comme étant la plus belle de toutes les vertus.

— Tu as raison, ma fille; elle l'est aussi : mais autre chose est d'être charitable, ou d'encourager le vice.

Frédéric le Grand exerçait parfaitement la charité ; il ne souffrait pas la mendicité dans son royaume. Dès qu'il monta sur le trône de Prusse, il ordonna un dénombrement de tous les pauvres qui s'y trouvaient, fit établir des fabriques pour occuper ceux qui pouvaient travailler, des hôpitaux pour les enfants et pour les infirmes ; de sorte que tous ceux qui mendiaient par paresse furent punis.

Il avait aussi ordonné à tous les magistrats de lui faire connaître en dé-

tail la cause des malheurs qui pourraient arriver à quelques-uns de ses
sujets, afin qu'on pût voler aussitôt au
secours de la veuve et de l'orphelin.
Il était ainsi venu à bout d'extirper
de la société toute cette mauvaise
herbe qui croît toujours beaucoup
trop. Mais pour les pauvres honteux,
il devenait leur père dès qu'il les con-
naissait.

Vous voyez, mes chers amis, qu'il
y a une grande différence entre la
vraie charité et l'ostentation de donner à tout venant, parce qu'on peut
être très charitable sans bourse délier.
Celui qui ne peut pas donner rend
souvent de plus grands services que
celui qui donne beaucoup. A ce sujet
je vais vous dire la fable du Chêne et
du Chèvrefeuille :

Un Chèvrefeuille, arbrisseau si fragile,
Du jardinier croissait abandonné,
Et, sans appui pour sa tige débile,

Il languissait au malheur condamné.
Un jour, hélas, l'Aquilon dans sa rage
Flétrit l'honneur de ses rameaux nais-
    sants.
Il va périr… Mais, dans le voisinage,
Un Chêne auguste affronte les autans.

De l'arbrisseau le danger, la jeunesse,
Ont attendri le Chêne hospitalier;
Et, par ces mots, accueillant sa détresse:
Un même sort, ami, va nous lier.
Tes faibles bras, vains jouets de l'orage,
.Enlace-les à mon tronc vigoureux.
Des vents ainsi nous braverons l'outrage,
Ou sous leurs coups nous tomberons tous
    deux.

Le Chèvrefeuille à ce dieu tutélaire
Doit son salut, et l'oubli de ses maux.
Rendu sans peine à sa beauté première,
Bientôt il voit refleurir ses rameaux.
Le Chêne, enfin, fut dépouillé par l'âge;
Le Chèvrefeuille, à son tour bienfaiteur,
Couvrit alors de fleurs et de feuillage
Le flanc sacré de son libérateur.

— Maman, c'est bien l'emblème de

la vraie charité ; — et aussi de la reconnaissance, mes amis.

Allons ; l'heure nous rappelle au château.

A demain, mes chers enfants.

———

SEIZIÈME MATINÉE.

Bonjour, maman. Dites-nous, je vous prie, aujourd'hui, ce qu'on appelle graminées.—C'est, mon ami, toutes les plantes qui portent des graines ou des fruits farineux. Le blé, par exemple, a le premier rang parmi les graminées : c'est la plante qui nous intéresse davantage par les services qu'elle nous rend.

Examinons un peu cette plante miraculeuse. Je vais vous rapporter textuellement ce qu'en dit Bernardin de Saint-Pierre dans ses Harmonies de la Nature.

Le blé, dit-il, a des harmonies avec le soleil, par le peu d'élévation de sa plante, qui en est échauffée dans toute sa circonférence ; par ses

feuilles linéaires et un peu concaves ,
qui en réfléchissent les rayons à son
centre; par les reflets de la terre
qui l'environne, et qui renvoie sur
lui la chaleur dont elle se pénètre.
C'est un des avantages des sites hum-
bles sur ceux qui sont élevés, de
jouir des plus petites faveurs des élé-
ments, et d'être à l'abri de leurs ré-
volutions. Aussi les herbes poussent-
elles plus vite que les arbres.

Le blé a encore d'autres rapports
avec l'astre du jour par l'élévation
de sa tige, couronnée d'un épis mobile, caverneux, et à plusieurs faces,
qu'il présente dans une attitude perpendiculaire aux rayons du soleil ,
afin qu'il les échauffe depuis l'aurore jusqu'au couchant. Les reflets
de la chaleur y sont si sensibles,
que, lorsque on observe une mois-
son en plein midi, il semble qu'il
en sorte une flamme, et que les épis

soient lumineux. On peut trouver aussi les harmonies lunaires dans le nombre de nœuds qui divisent la paille du blé : ils sont en nombre égal à celui des mois lunaires, pendant lesquels elle a poussé jusqu'à la formation de son épi. Le blé a des harmonies aériennes par ses trachées, qui sont les poumons des plantes ; ensuite, par ses feuilles linéaires et horizontales, qui ne donnent point de prise au vent, par sa tige conique, élastique, et creuse, fortifiée de nœuds plus fréquents vers sa racine, où elle avait plus besoin de force que vers son épi : chacun de ces nœuds est encore fortifié par une feuille dont la partie inférieure lui sert de gaine : au moyen de ces dispositions elle joue sans cesse avec les zéphirs, qui lui font décrire les courbes les plus agréables. Vous voyez, mes chers amis, qu'elle résiste aux tempêtes qui renversent les chênes les plus majestueux.

Les harmonies aquatiques du blé se manifestent dans des feuilles creusées en échoppe, qui conduisent l'eau des pluies vers ses racines, qui, de leur côté, pompent l'eau souterraine dont les vapeurs forment la rosée.

.Ce dernier moyen suffit à sa nutrition : on en voit la preuve en Égypte, qui produit de si belles moissons, quoiqu'il n'y pleuve presque jamais ; mais la terre y est abreuvée par les débordements du Nil.

Elle a aussi des harmonies négatives avec l'eau par les balles de son épi. Ces balles sont ce qu'on appelle calices dans les autres fleurs. Ce sont des espèces d'étuis polis, minces, et élastiques, qui paraissent destinés à plusieurs usages. Elles sont disposées par sillons droits, ou en spirales, qui réverbèrent les rayons du soleil sur la fleur. Elles enveloppent les grains, et les empêchent d'être endommagés dans leur croissance, par le choc mutuel de leurs épis agités par les vents. Enfin, chacune d'elle est surmontée par une longue aiguille, appelée barbe, qui paraît destinée à diviser les gouttes de pluie qui feraient couler les fleurs, comme il arrive presque toujours au sommet, où elles sont moins abritées. Le blé a des harmonies avec la terre par ses racines divisées, par ses filaments, qui y pompent sa nourriture. Elles ne sont ni longues ni nombreuses, mais elles y adhèrent si fortement, qu'on ne peut les enlever sans emporter une portion du sol, ni rompre la paille, à cause de sa dureté. Voilà, sans doute, les raisons qui obligent les laboureurs à scier ce végétal, plutôt que de l'arracher. Enfin, mes amis, la seule étude du blé nous

indique un Créateur, dont la prévoyante bonté a tout fait pour que
cette nourriture ne nous manquât pas.
Nous trouvons dans sa paille de quoi
nourrir nos bestiaux; nous y trouvons aussi des lits, des toiles, des
liens, des nattes, des paniers, du
feu, et des trajectiles pour passer
les fleuves, à cause de l'air renfermé
dans les chalumeaux. On en tire aussi
des boissons cordiales. Voilà tous
les détails que je puis vous donner
sur cette plante. Elle est aussi l'explication de l'Évangile que vous ré-
pétiez l'autre jour, la multiplication
des cinq pains d'orge. Voyez quelle
quantité produit un seul grain : chaque grain produit un épi, au moins,
et cet épi, quelle quantité de grains,
qui multiplient toujours davantage,
et dont la source ne tarira jamais.
On appelle aussi graminées le riz,
l'avoine, l'orge.

Je vous parlerai plus tard des productions étrangères ; mais, avant tout, il faut connaître les nôtres. C'en est assez pour aujourd'hui ; demain nous irons au verger, pour varier nos études.

DIX-SEPTIÈME MATINÉE.

BONJOUR, mes amis. Arrêtons-nous d'abord à l'abricotier, *prunus armenica* (icosandrie, monogynie). On le nomme ainsi, parce qu'il est originaire d'Arménie. Son écorce est brune, lisse, et unie ; ses branches, qui s'alongent, paraissent en général plus flexibles qu'elles ne le sont en effet. Nous ne voyons encore qu'une légère pointe de feuillage, et ce n'est même qu'à l'extrémité de chaque branche. Les fleurs se groupent avec peu de régularité : plus la branche est courte, et plus elles s'y pressent. Aussi, vous voyez très souvent les plus beaux abricots par paquets. Quelle surprenante variété s'offre à l'observation, sans sortir d'un verger !

Profitons du peu de temps que le printemps nous laisse, pour examiner ces merveilleuses productions.

Je sais que vous aimez beaucoup les abricots; vous en mangerez avec plus de plaisir, quand vous aurez étudié l'arbre qui les porte.

Examinez d'abord ce rempart de petites écailles brunes, à triple rang, qui protègent le bouton, avant qu'il fleurisse, et dès qu'il est épanoui. Vous voyez que le calice est rouge-brun, assez épais, divisé en cinq parties. Dès que la corolle s'ouvre, ses pétales, d'un blanc d'albâtre, forment une coupe. Les cinq divisions du calice s'abaissent entièrement au-dessous d'elles.

Les pétales sont au nombre de cinq, et s'étaminent au nombre de plus de vingt. Les anthères sont jaunes, une substance molle, et couleur d'abricot, se trouve au fond du petit calice, et humecte son tissu intérieur , jusqu'à la ligne d'insertion des étamines. Le pistil est au fond , son style est très court , bifide et brunâtre , comme un point à son extrémité. L'ovaire est aussi très petit, verdâtre , et couvert de duvet. C'est ce petit corps imperceptible qui formera bientôt un abricot; c'est-à-dire , si vous l'aimez mieux, un beau et bon fruit, avec une pulpe délicieuse, un noyau d'un bois très dur, une amande excellente, revêtue d'une peau épaisse; et le tout rendra un parfum délicieux. Dites-moi, je vous prie, mes amis, si vous pourriez faire un abricot. — O! non, maman, pas plus qu'un grain de blé. — Eh bien, mes enfants, croyez-vous, d'après nos observations, que le hasard seul ait pu enfanter d'aussi bonnes choses ?

— Mais, maman, il faut être fou

pour le penser. Il n'est pas une production qui n'offre à l'œil un miracle de la toute-puissance divine. — Tu as raison, mon fils; l'étude de la nature est celle qui nous rapproche le plus de la divinité. Elle nous identifie, pour ainsi dire avec elle. Combien nous serions heureux, si nous lui rapportions toutes nos jouissances! Par exemple, en mangeant une pêche que nous allons examiner, la reconnaissance nous la fera trouver meilleure. Voici un pêcher. Cet arbre vient de Perse, son nom est *amygdalus persica*, (Icosandrie, monogynie.) On dit que ce fruit est un poison dans son climat: si cela est, cet adage est vérifié, que l'on gagne à voyager.

Rien de plus frais que la fleur du pêcher. Il est malheureux que, pour rendre ses fruits plus beaux : *on* le confine contre une muraille. On étend ses branches arrondies que la nature destinait à se courber. On le taille, on le contraint, on lui enlève même cette surabondance de fleurs qui flattent l'œil si agréablement. Enfin on le traite comme on traitait les enfants dans ma jeunesse : pour leur donner une tournure noble, on les rendait contrefaits.

— Ah ! c'est bien singulier. Que leur faisait-on ?

— D'abord on les enfermait dans un corps bien dur, avec lequel ils ne pouvaient ni jouer ni manger à leur aise. Dans quelques provinces de France on les couchait ainsi. J'en ai vu qui devenaient pourpres en dormant, et qui en s'éveillant sentaient un malaise qu'ils ne pouvaient pas expliquer. Ensuite, pour leur rendre leur figure plus à la romaine, on leur tirait le nez sans cesse : on épilait leurs cheveux sur les tempes, pour y marquer cinq pointes. Leur caractère s'aigrissait à force de souffrances ; et ces pauvres petits devenaient souvent rachitiques ou contrefaits. Il était passé en proverbe chez les nations étrangères , lorsqu'on voyait quelques personnes maigres et petites, de dire : ce sont des Français. J'ai gémi long-temps sur cette horrible mode. Nous en serions encore là, sans la plume courageuse de quelques écrivains, vraiment amis de l'humanité.

— Qui sont, maman, les auteurs à qui nous devons tant de reconnaissance ? — Berquin et Beaumarchais. Ils ont eu beaucoup de préjugés à vaincre, pour renverser l'empire de la mode. Mais l'expérience ayant justifié leur opinion, ils l'ont emporté, pour la santé de la génération présente.

Mais revenons à notre pêcher. Ses

fleurs ont beaucoup de rapport avec celles de l'abricotier. Voici un brugnon. C'est encore de la même famille : quoique moins joli que la pêche il trouve pourtant des amateurs. Je crois que l'art a fait un amalgame de ces trois fruits, et que la nature s'y est prêtée pour les améliorer tous trois. C'en est assez pour aujourd'hui. Demain nous viendrons examiner les prunes et les cerises.

DIX-HUITIÈME MATINÉE

Eh ! bien mes amis, aimez-vous toujours l'étude des arbres fruitiers ? — Oui, maman : mais, avant tout, nous voulons vous demander s'il n'y a pas un autre figuier que celui-ci ; car les feuilles ne paraissent pas assez larges pour avoir pu couvrir Adam et Ève, à moins qu'ils ne les eussent cousues, mais il n'y avait encore ni fil ni aiguilles. — Vous avez raison, mes enfants, ce n'est pas notre figuier qui frappa leur regard dans le paradis terrestre. C'est le bananier, communément appelé figuier d'A-dam. Cet arbre démontre à lui seul la prévoyante bonté du Créateur. Il croît sous la zône torride. Sa tige peut avoir de neuf à dix pieds d'élévation; elle est formée d'un paquet de feuilles tournées en cornet, qui sortent les unes des autres; et, s'étendant au sommet du bananier, y forment un magnifique parasol. Ses feuilles, d'un beau vert satiné, ont environ un pied de large sur six de long. Elles s'abaissent par leurs extrémités, et forment par leur courbure, un berceau charmant, impénétrable au soleil et à la pluie. C'était sous cet abri, sans doute, que nos premiers parents se reposaient et prenaient leurs repas. Comme les feuilles du bananier sont fort souples dans leur fraîcheur, les Indiens en font toutes sortes de vases, pour mettre de l'eau et des aliments. Ils en couvrent leur corps; et tirent un paquet de fil de la tige, en la faisant sécher. Une seule de ces feuilles, donne à un homme une ample ceinture, et deux peuvent le couvrir de la tête au pied, par devant et par derrière. Un jour Bernardin de Saint-Pierre vit, à l'Ile-de-France, près de la mer, parmi des rochers, marqués de caractères rouges et noirs, deux nègres tenant à la main, l'un une pioche, et l'autre une bêche : ils portaient sur leurs épaules un bambou, auquel était attaché un paquet enveloppé de deux feuilles de bananier. Il crut d'abord que c'était un gros poisson qu'ils venaient de pêcher ; mais c'était le corps d'un de leurs infortunés compagnons d'esclavage, auquel ils allaient rendre les derniers devoirs, dans ces lieux écartés. Ainsi, vous voyez, mes amis, que le bananier seul donne à l'homme de quoi le nourrir, le loger, l'habiller, et l'ensevelir ; et que la simple nature donne aux Indiens tout ce qu'il leur faut, sans frais, et sans culture. Ce n'est pas tout : cette belle plante qui ne produit son fruit dans nos serres qu'au bout de trois ans, comme on peut le voir dans celle du Jardin - des - Plantes de Paris, le donne sous la ligne dans le cours d'un an; après quoi la tige qui l'a porté se flétrit. Mais elle est entourée d'une douzaine de rejetons de diverses grandeurs qui en portent successivement; de sorte qu'il y en a en tout temps, et qu'il en paraît un tous les mois.

Il y a une multitude d'espèces de bananiers, et de différentes grandeurs, depuis celle d'un enfant jusqu'à celle du double d'un homme; depuis la longueur du pouce jusqu'à celle du bras; de sorte qu'il y en a pour tous les âges. Le fruit s'appelle banane, et une seule peut nourrir deux personnes à un repas. L'espèce commune, appelée figue-banane, est onctueuse, sucrée et farineuse; et elle offre une saveur mélangée de la poire de bon-chrétien et de la pomme de rainette: mais elle a de la consistance, et peut également nourrir les enfants et les vieillards. Elle ne porte point de semence apparente, ni de *placenta;* comme si la nature avait voulu en ôter tout ce qui pouvait apporter le plus léger obstacle à l'aliment de l'homme. C'est, de toutes les fructifications, la seule qui jouisse de cette prérogative. Elle en a encore d'autres, non moins rares : c'est que, quoiqu'elle ne soit revêtue que d'une simple peau, elle n'est jamais attaquée, avant sa maturité parfaite, par les insectes ni par les oiseaux ; et qu'en cueillant son fruit un peu auparavant, il mûrit parfaitement dans la maison, et se conserve un mois dans toute sa bonté. Les espèces de bananes sont très variées en saveur. Il y en a de délicieuses aux Moluques, dont les unes sont aro-

matisées d'ambre et de cannelle, d'autres de fleurs d'oranges. Toutes les
terres, sous la zône torride, produisent cet arbre utile. Le voyageur
Dampierre l'appelle le roi des végé-
taux : mais le cocotier lui dispute
ce titre. En voici bien assez, mes
amis, sur cette production; il est
trop tard pour parler d'autre chose:
il suffit que vous ne confondiez plus
notre figuier avec celui d'Adam. A
demain.

DIX-NEUVIÈME MATINÉE.

Bonjour, mes amis. Allons encore aujourd'hui au verger examiner le prunier, *prunus domestica cereola* (icosandrie, monogynie).

Voyez, mes amis, avec quelle grâce il élève ses rameaux en les courbant. Il semble nous inviter à nous reposer sous son feuillage : et lorsque ce fruit sera mûr, il sera bien plus attrayant encore. Celui-ci est un prunier-reine-claude. Il n'appartient pas trop à l'œil de distinguer la fleur qui brunira son fruit. C'est le secret de l'artiste divin. Le laboratoire est établi dans les branches et dans les feuilles. En nous instruisant, nous apprenons que nous ne savons rien ; mais adorons l'auteur de tant de merveilles.

Examinez cette corolle blanche, dont les cinq pétales concaves sont retenus au bord du calice par leur onglet ; et ces vingt étamines sortant de leurs anthères – citron : un pistil attaché au fond d'un très petit calice élève son long style verdâtre. Voilà la composition de cette fleur qui nous donnera un fruit si agréable à manger.

Examinons maintenant le cerisier. On dit que Lucullus rapporta cet excellent fruit de ses triomphes sur Mithridate. En vérité, les Arméniens nous ont fait de très jolis cadeaux. Les espèces de cerises se multiplient à l'infini : elles produisent en général tant de fleurs, que les zéphyrs semblent se jouer avec elles ; et que les passants s'en trouvent comme inondés. Les fleurs de toutes les sortes de cerises sont toujours en bouquets : ce fruit charmant porte avec lui une sorte d'hilarité : il se prodigue aux pauvres comme aux riches : il guérit les fièvres et les inflammations. Si c'est le fruit le plus commun, il est aussi le plus salutaire.

Voici un figuier (didynamie, gymnospermie). Son fruit est aussi très bienfaisant, et se conserve, comme vous savez, pour l'hiver, comme les prunes. Nous avons encore beaucoup d'autres arbres à étudier ; nous sommes sortis trop tard, aujourd'hui, pour en examiner davantage. Demain, nous irons à la prairie ; parce que l'étude des plantes est la plus nécessaire, quoique la moins suivie. Au revoir, mes enfants.

VINGTIÈME MATINÉE.

BONJOUR, mes enfants. En nous promenant, examinons la marjolaine, autrement nommée aurigan, *auriganum vulgare*.

Vous voyez souvent cette fleur dans les guirlandes des fêtes de village. Regardez à travers les buissons, vous verrez sa tête ronde, brune et rose. Les noires épines de la haie sont chargées de lianes de brioines blanches (didynamie, gymnospermie), dont les fleurs, séparément, mâles ou femelles, s'attachent, au moyen d'une vrille serrée. La marjolaine croît à travers leur tige : elle attire par son doux parfum : ses fleurs sont disposées en bouquets arrondis au sommet de chaque rameau. La tige de l'aurigan est carrée, ligneuse, verte, et rougeâtre, comme par raies ; et velue, par précaution contre tous les dangers qui entourent son berceau.

Voici le galéopse, *galeopsis ladanum* (didynamie, gymnomospermie). Nos sentiers sont bordés depuis quelques jours de cette jolie plante. C'est une labiée ; elle s'appelle reine des champs : elle est pleine de grâces. La corolle est rose ; les fleurs sont verticillées ; les étamines blanches à tête jaune : l'ensemble de cette fleur est d'un très joli effet.

— Maman, voici une autre fleur assez singulière ! — C'est la mille-feuille, *achilea millefolium* (syngénésie, polygamie superflue), autrement nommée l'herbe aux charpentiers, ou l'herbe aux coupures. Pilée et appliquée dessus, elle les guérit de suite ; elle est pour cet effet très commune et très multipliée, comme tons les utiles présents de la nature.

Les feuilles de la mille-feuille ont une configuration particulière. Vous voyez qu'une espèce d'arête creusée au milieu part de la tige alternativement, d'un côté et de l'autre. Deux ou trois de ces arêtes se rattachent quelquefois au même point sur la tige, et ce sont comme autant de bouquets. De chaque arête s'échappent de petites découpures de feuillages qui se frisent autour de l'arête. Chacune de ces découpures est comme un fil vert, auquel se rattachent de plus petits, imperceptiblement découpés. Aussi ces découpures sont placées des deux côtés de l'arête en étages rapprochés, de manière qu'il serait difficile d'aplatir l'arête et de l'étendre sans croiser les petites folioles. La tige est ronde, rude, blanchâtre, et velue. Les feuilles sont d'un vert plus foncé. C'est des aisselles de ces bouquets de feuilles que partent les pédoncules alongés qui soutiennent à leur sommet le bouquet de fleurs. Chaque calice semble composé de petites écailles très fines, blanchâtres, et serrées.

— Oh! maman, que de travail dans une plante de mille-feuille! — Oui, mon ami : la nature semble se jouer de nos observations. Mais c'en est assez pour aujourd'hui.

VINGT ET UNIÈME MATINÉE.

BONJOUR, mes enfants. Je vous apporte une jacée, *centaurea jacea* (syngénésie, polygamie fausse). Elle n'est pas jolie ; elle semble plutôt le rebut de la nature que l'objet de ses complaisances : mais elle nous fournit plus d'une réflexion. Ses feuilles sont couvertes de tubercules : c'est le domaine et le berceau de plusieurs tribus. Un million d'insectes viennent s'y loger et y déposer leurs œufs. L'insecte s'insinue d'abord entre l'épiderme de la feuille et sa substance, ce qui produit ce gonflement que vous voyez. Percez un de ces tubercules avec une épingle ; à l'aide d'une loupe, vous y verrez toutes sortes d'insectes, un grand nombre enfin dont nous n'avons pas encore la nomenclature.

13.

Cette fleur est l'image d'un être vicieux, qui réunit à la paresse les goûts les plus vils. Elle n'exhale qu'une mauvaise odeur ; et si on la touche, on en conserve long-temps l'impression. Tel est l'effet des mauvaises sociétés. C'est ce qui fait dire à madame de Lafitte, en parlant à une clochette des jardins :

« Qui es-tu, toi, qui exhales une si douce odeur ?

— Je ne suis qu'une simple fleur ; mais j'ai vécu parmi les roses. »

Cela répond, vous comprenez, mes amis, à « Dis-moi qui tu hantes, je te dirai qui tu es. »

Passons à une fleur plus aimable. Voici un brin d'aigremoine, *agrimonia* (dodécandrie, digynie). Vous voyez qu'elle est comme une grande flèche, grêle et menue, bien verte, assez roide, un peu cannelée ; de petites fleurs jaunes attachées alternativement sur la tige par de petits pétales très courts , et presque adossés , lui donne assez l'air d'un bâton d'or. Les fleurs sont de petites étoiles à cinq pétales ronds , dont le cinquième est au milieu des deux inférieurs. On y compte douze étamines jaunes , qui forment un bouquet touffus. Les anthères sont brunes , les deux pistils de même. Le calice est en forme de vase , couvert de poils assez longs. Cette fleur va de compagnie avec la marjolaine.

Ah ! maman, voici une belle petite plante ! Comme ses feuilles sont jolies ! — C'est le grand tithymale, ou réveille - matin, *euphorbia helioscopia* (dodécandrie , trigynie). Il y en a de plusieurs sortes. Vous voyez que chaque pédoncule semble porter une ombelle , et que le tout en forme une grande. La substance qui forme le tube et les étamines est

13..

molle, et, lorsqu'on la divise, il en sort un lait corrosif que tous les enfants connaissent, et qui fait mal aux yeux, s'il en saute dedans; ce qui sûrement l'a fait surnommer réveille-matin.

C'en est assez sur cette plante: nous nous oublions; nous sommes attendus pour dîner. A demain, mes amis.

VINGT-DEUXIÈME MATINÉE.

BONJOUR, mes chers enfants. Nous allons aujourd'hui nous promener au bord de l'eau ; un lit de plantes aquatiques embellit ses bords.

Arrêtons - nous à l'osier fleuri ; c'est un très joli petit arbrisseau : il se nomme, en termes de l'art, *epilobium angustifolium* (octandrie, monogynie). Sa tige est ligneuse, ronde, dure, et pourtant flexible. Sa peau, d'un vert clair, est couverte d'un duvet très doux. La tige principale porte plusieurs branches qui ont elles-mêmes plusieurs rameaux. Tout, dans cet arbuste, a de la légèreté et de la grâce. Les tiges ne gardent pas de règles dans leur pousse : les feuilles en sont sessiles, et se rétrécissent vers le sommet : la corolle est très délicate ; à peine la branche est-elle cueillie, qu'elle se penche et se flétrit, comme une jeune personne que l'on enlève à sa famille. Je vous laisse examiner toutes les beautés de cette charmante fleur ; vous m'en rendrez compte.

Cueillons la belle salicaire. Son nom latin est *lythrum salicaria* (dodécandrie, monogynie). Nous ne pourrons guère la voir sans nous exposer à la piqûre des orties, qui semblent placées autour d'elle pour sa sûreté. La salicaire s'élève assez haut; sa tige est ligneuse et rougeâtre ; ses feuilles, qui ressemblent à celles du saule, sont alongées, lisses, veinées, et amplexicaules, c'est-à-dire, qu'elles embrassent la tige : elles sont opposées. Les fleurs, d'un rouge nacarat bien vif, sont disposées en riches épis fort alongés ; elles se balancent, avec une grâce infinie, sur ses rameaux flexibles. De petites feuilles vertes et légères soutiennent alternativement les anneaux pressés de ses fleurs. Vers le sommet, elles ne sont long-temps que des boutons. Les feuilles qui les abritent ont un velouté doux, qui se mêle à celui de leur calice, et de leurs pointes, qui s'étendent toutes pour mieux protéger leur trésor. Cette plante a beaucoup de propriétés en médecine, comme toutes les plantes aquatiques. Cherchons, en nous promenant, la piaire germanique, *stachys germanica*. Sa tige et ses feuilles sont tellement veloutées et cotonneuses, que l'on dirait d'une belle fourrure fine et blanche, montée sur un satin vert pâle. C'est encore une labiée, sa tige est ligneuse, épaisse, carrée, et profondément cannelée des quatre côtés.

Bernardin de Saint-Pierre pense que les cannelures sont autant de ca-

naux qui facilitent l'arrosement de
la racine. Il dit que sans eux le pied
de la plante pourrait demeurer à sec.

Ses feuilles paraissent impénétrables à l'orage même : ce sont autant de pelisses ou de toisons dentelées régulièrement sur ses bords,
veinés sans doute pour la circulation
du suc nourricier qui abonde dans
leur tissu.

Ces fleurs, élevées dans des ber-
ceaux de coton, sont petites et délicates, couleur de rose et blanches. Je
vous laisse à examiner le reste de
leur construction ; cela nous tiendrait
trop long-temps. J'ai aujourd'hui des
affaires qui me rappellent ; ainsi, mes
enfants, à demain.

VINGT-TROISIÈME MATINÉE.

BONJOUR, maman. Nous vous demanderons aujourd'hui de retourner au verger; nous avons encore bien des choses à examiner.

—C'est vrai, mes enfants. Mais il ne faut pas croire qu'un printemps nous suffise pour connaître toutes les productions de la terre. Notre vie suffirait à peine, fut-elle longue, pour nous instruire des détails de ses productions.

Je vous ai prévenus que nous ne ferions qu'ébaucher cette science utile et agréable. Tous les grands naturalistes qui ont traité cette matière ont laissé encore bien des choses à dire. Mais je suis bien aise de voir votre desir d'approfondir, et je vous

aiderai de tous mes moyens. Chemin faisant, examinons le noisetier,
corylus avellana (monœcie, polyandrie). Le noisetier ou coudrier
forme, comme vous savez, de jolies
buissons sans épines. Il borde généralement les bois. C'est une grande
fête pour les villageois d'aller se
reposer sous son ombrage en cassant
ses fruits. Il se traite plus d'une
affaire de famille sous ce charmant
berceau; mais aujourd'hui il est encore trop dégarni de feuilles pour
nous offrir son ombrage.

La fleur du noisetier, comme celle
de presque tous les arbres fruitiers,
est monoïque, c'est-à-dire que, sur
le même arbre, les fleurs mâles et
femelles sont distinctes. Les fleurs
mâles sont agrégées en forme d'épi :
on voit jusqu'à sept à huit de ces épis,
dont les courts pédoncules se touchent,
et retombent à la fois, comme un gland

jaunâtre, émoucheté de brun. On appelle fleurs en chaton celles qui, réunies sur un axe commun, ne portent aucun fruit : c'est le nom qui convient à la disposition de celle dont je parle.

Examinons la petite fleur qui produira un fruit enveloppé d'une espèce de coiffe, défendue par une coque d'un bois très dur, et recouvert d'une robe verte. Chaque fleur n'est qu'une réunion d'étamines très courtes, soutenues par une petite membrane taillée en forme de cuiller : sa partie extérieure, qui est la plus large, se recourbe et se divise dans son épaisseur en deux petites lames, plus fortes l'une que l'autre. La lame intérieure se divise en deux, pour se replier sous l'extérieure, qui se termine en pointe, et qui prend cette teinte brune qui nous promet des noisettes.

Passons à un amandier, *amygda-*

lus commulus (icosandrie , monogynie). Ce fruit ne croît véritablement
bien que dans les pays chauds : notre
climat ne le possède qu'à force de culture.

Tel est l'effet de l'éducation ; elle
peut vaincre bien des obstacles , et
même civiliser un sauvage.

L'écorce de l'amandier est brune
et raboteuse , et de ses branches irrégulières et dures nous voyons s'é-
lancer des jets plus verts , plus flexibles , et plus minces. Il en sort alternativement de petits boutons , dont
l'enveloppe est brune comme l'écorce.
C'est sur ces appuis que naissent les
boutons qui renferment les feuilles ,
et qui , à travers une triple enceinte
d'écailles progressives en hauteur , et
toujours moins épaisses et moins co-
lorées dans l'intérieur, laissent échapper la pointe de feuillage qui bientôt se développera en entier. Quel art

merveilleux dans l'arrangement de ce berceau, et des frais nourrissons qu'il protège. Après ce triple rempart écailleux, deux membranes blanchâtres s'embrassent et se croisent autour des feuilles naissantes : on les aperçoit pliées en deux longitudinalement sur elles-mêmes.

Les fleurs de l'amandier se groupent en bouquets par intervalle, et en nombre inégal; c'est surtout à l'extrémité des branches qu'on les voit établir leurs pétales d'albâtre. Nous voyons éclore ce précieux bouton. Une quadruple enceinte d'écailles brunes, élevées par étages, a servi de première sauve-garde au trésor. Un dernier rang, plus flexible et plus délicat, est comme le dernier voile derrière lequel s'élève le calice qui l'échauffe d'un léger duvet. Ce calice est d'un vert tendre, nuancé de rouge, et bordé de ce duvet si doux et si léger par cinq divisions arrondies, qui se renversent à mesure que la corolle se déploie. Plus de vingt étamines étalent au-dessus de ces pétales leurs colonnes de marbre, surmontées de chapiteaux d'or. Le calice est creusé comme un vase; une substance molle et jaunâtre en tapisse les parois. Tout, dans cette fleur, a le parfum et le goût de l'amande. Elle est, comme le dit Bernardin de Saint-Pierre, le temple où la nature opère ses bienfaisants prodiges.

Il me semble, mes amis, que l'amandier nous a menés bien tard. Ainsi, à demain.

VINGT-QUATRIÈME MATINÉE.

BONJOUR, mes enfants. Aujour-d'hui nous irons au bois. Il faut varier nos plaisirs.

— Oh oui, maman.

— J'aperçois le cornouiller, *cornus mas* (tétrandrie, monogynie).

Un arbre a pour moi quelque chose de majestueux et de vénérable, qui inspire le respect. Il me semble voir en lui un de nos aïeux, qui a vu passer trois ou quatre générations, et qui a donné l'hospitalité aux voyageurs fatigués.

L'arbre, qui pompe l'humidité de la terre, qui rend avec usure ce qu'il a emprunté, après nous avoir fait jouir; qui porte dans ses branches le domicile de tant d'oiseaux; qui est

14..

le dépositaire des secrets de l'amour et de l'amitié ; et qui, après sa mort, nous est encore utile, en égayant nos foyers, et soutenant nos cabanes : sans lui, que ferions-nous ?

— Oh, maman, tout porte l'empreinte d'une main divine dans la création !

— Retournons à notre cornouiller. L'écorce en est rougeâtre et assez lisse, ses branches s'étendent au hasard ; il sort de chacune des grandes un nombre infini de plus petites, qui sont comme des pédoncules au sommet desquelles je vois deux pellicules qui paraissent être un calice qui s'entr'-ouvre pour laisser sortir un plateau, qui porte une aigrette de fleurs. C'est, sans doute, à l'abri de ces deux enveloppes latérales que se développent les feuilles ; c'est de là que s'échappent les fleurs qui nous donneront des cornouilles.

Ces fruits ressemblent un peu aux cerises; ils sont rouges comme elles, un peu plus alongés, le noyau plus gros. C'est une fête pour les villageois de les aller cueillir au bois, parce que c'est la dernière partie de l'automne. Ce fruit n'est pas agréable à manger ; mais il est beaucoup employé en médecine.

Voici un chêne. Quelle majesté! Voyez comme ses feuilles sont découpées, et son écorce épaisse. Tout en lui est utile : son fruit que l'on appelle gland, est très bon pour engraisser les porcs, et la farine du gland est d'une grande ressource pour la volaille, même pour les humains. En brûlant le gland comme du café, il pourrait, au besoin, le remplacer, et il engraisserait promptement.

Voici un groseillier épineux, ce qu'on appelle communément groseillier à maquereau, *ribes uva crispa* (pentagynie , monogynie).

Rien n'est plus intéressant que le développement d'une feuille de groseillier. Suivons-le ensemble.

D'une tige dont l'écorce est raboteuse et grise, nous verrons partir des branches irrégulières : comme la tige principale, elles sont armées de piquants, ou épines très pointues, qui ne paraissent point adhérer au bois. Ces épines, pour la plupart, sont composées de trois piquants, adhérant ensemble, et dont celui du milieu, plus fort et plus alongé, paraît former un angle droit avec les autres ; c'est une espèce de fortification faite pour protéger le pédoncule ligneux qui va porter les feuilles et le fruit. C'est donc au sommet de ce petit pédoncule ligneux que vous verrez éclore deux ou trois légères écailles, et se développer un petit éventail arrondi, qui étend ses plis peu à peu comme par ressort. Sa forme est demi-circulaire; elle a neuf profondes découpures, peu sensibles, mais qui facilitent l'art avec lequel ce tissu délicat est plié et renfermé dans l'écorce, et la laisse prendre cette forme arrondie qui rappelle parfaitement ces éventails dont un étui renferme le réseau, et le fait sortir peu à peu: un duvet léger le rehausse ainsi que le dessous de la feuille. Ces feuilles sont ordinairement trois ensemble, de grandeur inégale: un seul bouton d'écaille les produit à la fois; disposée elle-même en demi-cercles, la fleur occupe au-dessous d'elles la quatrième place; et quelquefois un même pédoncule ligneux donne plusieurs bouquets semblables, tout près les uns des autres. De cette manière, un buisson de groseilles est fourré comme un petit bois. Rien, à mon avis, n'est plus joli que ses branches grisâtres, courbées négligemment par la main de la nature ; elles forment des guirlandes qui blessent lorsqu'on les touche.

Ne sont-elles pas l'emblème des plaisirs de ce monde ? Ils flattent d'abord notre cœur et nos sens, mais ils causent souvent des blessures incurables, à moins que l'on ne fasse comme en cueillant la rose ; que l'on ne prenne que le fruit, en laissant les épines sur la tige.

Allons, mes amis ; c'en est assez pour aujourd'hui.

VINGT-CINQUIÈME MATINÉE.

Eh bien, mes enfants, où irons-nous aujourd'hui ?

—S'il vous plaît, maman, nous examinerons la luzerne et le sainfoin.

—De tout mon cœur, mes amis ; elle se nomme en latin *medicago-sativa* (diadelphie, décandrie). Elle est d'une grande utilité pour le bétail ; sa tige est ligneuse, ronde et fort unie ; vous voyez qu'elle se partage en plusieurs rameaux ; elle est vivace, et occupe long-temps le terrain où elle est ; elle est aussi fort long-temps à croître ; on la fauche, et elle repousse. Ses feuilles sont alternes sur les branches, et disposées en bouquets, comme celles du trèfle, famille très nombreuse, dont la luzerne fait partie. C'est au sommet de chaque rameau que se rangent les fleurs, quoiqu'elles ne forment pas un épi régulier. Un des côtés du pédoncule paraît plus chargé que l'autre. La fleur, d'un violet uni, est enfermée dans un petit calice, ou étui, à cinq divisions. L'étendard déploie en petit les grâces et les formes que l'on admire dans les pois de senteur.

Passons au sainfoin, *hedysarum onbrychis* (diadelphie, décandrie). Le sainfoin se sème comme la luzerne, pour plusieurs années : c'est encore une prévoyance de la nature, car, il y aurait souvent disette pour les bestiaux. Ses fleurs sont d'un rouge nuancé. Le fruit qu'elle produit est comme un petit poil, mais son enveloppe est d'une inconcevable dureté ; elle est ronde comme la graine qu'elle renferme. Ses deux surfaces sont renforcées par une sorte de broderie, que l'on dirait d'une armure antique.

— Maman, voilà une herbe bien haute et bien mince. — C'est du chanvre, mes amis, dont la graine se nomme chenevis. C'est avec cette herbe que l'on fait le fil qui nous fournit de si belles toiles.

— C'est, je crois, maman, ce qu'il y a de plus miraculeux dans la nature.

— Tu as raison, mon fils ; tout, dans cette plante, porte le cachet du grand Maître qui a tout fait. Il faut savoir que cette petite graine, qui nourrit les perroquets, germe dès qu'elle est dans la terre. Elle montre une petite tige délicate, et d'un vert charmant ; sa fleur est nuancée de gris. Les vents la courbent quelquefois, mais un rayon de soleil la relève aussitôt : elle semble si faible, qu'on a peine à croire qu'elle puisse supporter les ouragans ; mais sa faiblesse est sa sauve-garde. A sa parfaite maturité on la fauche ; puis on la laisse quelque temps sur la terre ; après quoi, on la fait rouir dans l'eau ; ensuite on la teille, bat et démêle.

C'est dans cet état qu'elle s'appelle filasse. Puis on la file pour en former un fil, quelquefois assez fin pour faire de la batiste. Ensuite on la blanchit, soit à la chaux, ou sur l'herbe.

Vous voyez, mes enfants, combien cette plante est utile. Ce n'est pas encore là toute sa métamorphose. Lorsque la toile est usée elle sert à faire le papier ; après que le papier est sale et chiffonné, il sert encore à la fabrication du savon. Que d'actions de grâces ne devons nous pas à celui qui nous a donné tant de choses utiles, et l'industrie pour en faire usage.

N'êtes vous pas, persuadés, mes amis, que, plus nous sommes instruits, et plus nous connaissons la grandeur de Dieu, et l'étendue de sa puissance.

—Oh! oui, maman, à demain.

15.

VINGT-SIXIÈME MATINÉE.

Nous allons commencer par la verveine, *vervena officinalis*, (diandrie monogynie), c'est un monument de l'antiquité que plusieurs peuples révèrent encore. Les druïdes la coupaient au printemps, et le gui de chêne en hiver, ce qu'ils appelaient le gui sacré. C'était sous cet arbre qu'ils décidaient les affaires les plus sérieuses.

Le peuple anglais a conservé l'habitude de parer ses maisons de gui, tous les ans à Noël. On cherche les branches les plus fortes et les plus arrondies, pour les pendre au plafond de la cuisine; c'est dessous ses rameaux que l'on doit donner les étrennes aux domestiques. Ils prétendent qu'il répand des bénédictions sur celui qui donne, comme sur celui qui reçoit. Ils emploient encore la verveine avec une sorte de vénération, le plus souvent en topiques; et l'effet qu'elle produit est pour eux d'un bon augure, parce que les druïdesses s'attachaient un brin de verveine aux talons, et couraient nues à une distance marquée. Les augures alors se tiraient du sens que la verveine prenait dans la course.

Ces vieux préjugés sont encore dans l'esprit des habitants de la grande et de la basse Bretagne. Je ne sais si jamais ils s'effaceront, mais je sais que la verveine subsistera toujours, parce qu'elle est utile : examinons-la.

C'est une plante grêle et très large; ses rameaux sont très frêles et alternativement opposés à de grandes distances; sa tige est verte, carrée, et pleine d'aspérités que l'on sent à sa surface. Deux profondes canne-

lures se trouvent toujours sur la tige
principale. Les deux faces de la tige
où la cannelure ne domine pas sont
cannelées aussi, mais dans un autre
sens. Les feuilles y sont très rares;
on n'en voit guère que deux sur la
tige principale, et deux à chaque
nœud formé par le départ des deux
branches latérales. Elles sont sessiles, dures au toucher, et découpées
profondément sans régularité. Il en
pousse quelquefois par hasard deux
sur les petites branches; cependant,
il pousse à leur sommet de petites
fleurs qui sont des miniatures. Un
petit tube blanc, qui s'élève en roue,
forme cinq découpures arrondies,
nuancées d'un lilas charmant posé
sur un blanc mat. Voilà, mes amis
la vervène : ses propriétés sont con-
nues; et vous la reconnaîtrez toujours.
Mais je m'aperçois que nous nous sommes oubliés dans nos réflexions; ainsi
à demain.

VINGT-SEPTIÈME MATINÉE.

Nous commencerons aujourd'hui la journée par la campanule, à feuilles de pêcher, *campanula persicifolia* (pentandrie , monogynie). Elle porte aussi le nom d'agrimonie, ou de religieuse des champs : c'est une fleur en clochette ; l'étymologie du nom suffit pour l'annoncer. Elle s'élève peu , mais sa tige ast ronde, ligneuse, lisse comme du satin , et dénote de la vigueur. Les feuilles , alternes à la base , ont d'assez longs pétioles ; elles sont un peu découpées, d'un vert pâle, et plus blanches par-dessous. Elles sont aussi un peu âpres au toucher, à la partie inférieure : la supérieure est douce. Les fleurs sont rangées par étages jusqu'en haut, sur un seul côté ; elles ne sont jamais deux de front , mais elles s'élèvent sur deux lignes parallèles très rapprochées. Chacune des fleurs, portée par un pétiole très court, est soutenue d'une feuille. Le calice est un petit godet, d'un tissu menu et léger. Il s'élève en cinq divisions. La fleur est comme suspendue à la tige, et retombe avec grâce comme une véritable clochette. Elle est monopétale et arrondie comme une cloche; elle a cinq divisions assez profondes qui se renversent agréablement. Elle est du lilas le plus tendre. Chacune de ses divisions a un pli au milieu, et la place de ce pli est marquée à l'extérieur d'une ligne plus violette. Le pistil est long et assez gros, cotonneux; et son style, teint de violet, se divise en trois parties qui le recouvrent vers son sommet. Les cinq étamines ont de longues anthères jaunâtres, l'ovaire remplit le calice, et se gonfle à mesure que mûrissent les fruits qu'il renferme.

La campanule a plusieurs variétés; elles sont toutes d'un lilas ou d'un bleu tendre : mais leur forme ne varie pas; c'est toujours une clochette.

A présent, nous allons vous montrer un basilic, *basilisca ozynum* (didynamie, gymnospermie). C'est une petite plante qui croît en touffes, à l'aide des soins qu'on lui donne en hiver, dans nos climats. Son odeur semble appartenir à la feuille plus qu'à la fleur; elle est toujours plus sensible quand on y passe la main. La tige de cette petite plante est herbacée et cannelée. Une espèce de petit duvet assez dur la fortifie; sa couleur est d'un vert très clair; ses feuilles sont opposées ; elles sont petites, et presque rondes; leur pédoncule forme un petit canal pour l'arrosement de la petite racine. C'est

du point où il touche la tige que s'é-
lèvent de chaque côté les rameaux.
Les fleurs se placent vers le sommet
verticillées. De petites feuilles s'op-
posent encore alternativement au
bas de chaque anneau. Le calice est
formé de deux parties ; la partie supérieure est comme une petite feuille
ronde, extérieurement concave ; la
partie inférieure a quatre divisions,
et sert à soutenir la fleur, qui est dans
une situation horizontale et renver-
sée. Effectivement, la partie que,
d'ordinaire, habitent les étamines et
le pistil, et qui se trouve supérieure
dans presque toutes les labiées, est
inférieure dans celle-ci.

La fleur du basilic est blanche ;
les anthères des étamines sont jaunes ; le pistil bifide. Les semences
restent nues au fond du calice.

Voici une autre touffe parfumée,
lavandula (didynamie, gymnosper-

mie). Cette plante est agréable et utile; mais elle semble négligée, parce qu'elle est trop commune.

La lavande est une labiée ; ses fleurs sont au nombre de six , par anneau , trois par trois sur les deux côtés de la tige ; elle a l'air carré , parce que les quatre faces sont deux à deux successivement chargées de fleurs. Les calices sont de petits étuis ronds, sans division , et presque violets , dans lesquels la fleur s'adosse droite contre la tige ; elle est assez ouverte, et d'un beau lilas : le pistil est blanc; son extrémité est violette; et quatre étamines bien courtes ont de petites anthères orange et brun: c'est dans la floraison qu'elle exhale le plus doux parfum. Je ne saurais vous dire combien cette plante a de propriétés; je sais seulement qu'elle a une influence prodigieuse sur les nerfs. C'en est assez pour aujourd'hui.

VINGT-HUITIÈME MATINÉE.

Voici, mes amis, les grandes chaleurs qui nous empêcheront de nous livrer à nos études de la botanique ; mais je vous donnerai quelques instants à l'ombre, pour vous instruire sur les qualités physiques des fleurs et des plantes, et leur utilité sur la terre. J'ai, pour cet effet, étudié Senebier de Genève, Mongels, Hales, Bernardin de Saint-Pierre, Tournefort, Rauch, et Rousseau. D'après tous ces grands hommes, je ne crains point de me tromper.

Ils appellent fibres les filets ou filaments qui composent la charpente de la plante. Leur direction n'est pas toujours la même. Elle forme les canaux dans lesquels circulent les fluides. La transparence, la flexibi-

bilité, l'élasticité, la distractibilité, ou
facilité de s'étendre, enfin l'irrita-
tabilité, sont les facultés de la fibre ;
mais on n'est pas encore sûr si la fibre
est un cylindre ou un tube : elle est
transparente, à moins qu'une liqueur
ou un suc n'en remplisse les cavités,
que la fibre élémentaire ou ses agré-
gations doivent, de manière ou d'autre, offrir à la circulation. On croit
que la fibre transparente pourrait bien
décomposer, comme le prisme, les
rayons de la lumière, et en séparer
les couleurs. La flexibilité d'une
plante tient à celle de chaque fibre.
Frappez avec un marteau le tronc de
chaque arbre, vous verrez frémir
toutes les feuilles. Il y a ossilation,
et par suite, privation de vie, quand
les sucs, introduits entre les fibres,
parviennent à les solidifier. L'élasticité se prouve par la tendance du
végétal vers son attitude naturelle ;

la distractibilité se démontre par les fentes, les blessures, et l'élargissement subit qu'elle donne au végétal. Enfin, l'irritabilité paraît sensible, surtout dans les étamines et les pistils, et le mouvement soutenu qui opère la fructification.

L'ordre de la feuillaison est plus constant que celui de la floraison. Il est à peu près uniforme. Le groseillier presque partout obéit le premier à l'influence de la chaleur, et le chêne le dernier.

Chaque feuille a son parenchyme, et son écorce ou épiderme. Le dessus et le dessous de la feuille offrent de sensibles différences.

La partie supérieure est destinée à recevoir l'action de l'air, et l'inférieure, celle de l'humidité. La feuille d'acacia, par exemple, et quelques autres, ont un mouvement de mutation qui leur fait suivre le cours du soleil.

La feuille est un vrai suçoir, une racine aérienne, qui pompe l'air, et le
purifie. Elle pompe aussi l'humidité.
On fait vivre une feuille sur un vase
plein d'eau. La transpiration d'un végétal est toujours en raison des surfaces qu'il présente. C'est la surface
inférieure qui transpire, et la surface
supérieure qui aspire les particules
humides de l'air. On conçoit aisément l'influence salutaire de ce double mouvement sur l'air que nous
respirons; car, comme le dit très sage-
ment M. Rauch, auteur des Annales
Européennes, les plantes renferment une grande portion d'air vital,
et la proximité de la végétation
est d'un grand intérêt pour la santé,
et la force de la vie. On peut en faire
l'épreuve, en enfermant une branche
dans un vase ; elle y laisse couler
une eau peu différente de l'eau dis-
tillée.

16.

Je voudrais que ces aperçus inté-
ressants reposassent jusqu'à vos regards par les idées douces qu'ils entraînent.

La ravissante fraîcheur de la rosée
du matin influe jusque sur l'ame à
mesure qu'on la respire.

Le parfum ou l'arome des plantes
passe pour la partie la plus subtile
de l'esprit recteur, esprit vital, ame
de la plante, qui semble s'identifier
avec la nôtre ; car nous ne sommes
jamais aussi sensibles, et notre ame
ne s'élève jamais aussi naturellement
vers son Auteur, que dans un parc, à
l'aurore d'un beau jour. Ce n'est pas
au soleil, ce n'est pas à midi, que
l'émanation odorante des fleurs est
le plus sensible ; la lumière, qu'on
croit en être le principe, en absorbe la
plus grande partie. C'est au lever, au
coucher du soleil, c'est au moment,
enfin, où les particules humides de

l'air retombent, qu'on respire avec elles l'odeur dont elles sont impreignées.

Ici, mes chers enfants, nous terminerons nos études sur la botanique. Demain, nous commencerons à passer en revue les animaux sauvages les plus remarquables par leur force ou leur grandeur, leurs ruses ou leur férocité, quelques-uns par leur industrie et leur intelligence. Ces animaux se trouvent tous, ou presque tous, dans la ménagerie du Jardin des Plantes de Paris ; et vous serez bien aises de connaître un peu leurs mœurs, lorsque nous irons leur rendre visite.

LE LION.

UN célèbre naturaliste, M. de Buffon, a remarqué que les formes extérieures de ce quadrupède ne démentent pas ses grandes qualités intérieures. « Le lion, dit cet illustre écrivain, a la figure imposante, le regard assuré, la démarche fière, la voix terrible. Sa taille n'est pas excessive comme celle de l'éléphant ou du rhinocéros; elle n'est, ni lourde comme celle de l'hippopotame ou du buffle, ni trop ramassée comme celle de l'hyène ou de l'ours; elle est, au contraire, si bien prise et si bien proportionnée, que le corps du lion paraît être le modèle de la force jointe à l'agilité. »

La taille du lion varie; elle est de huit à neuf pieds, depuis le mufle jusqu'à l'origine de la queue, qui elle-même est longue d'environ quatre pieds. Sa tête est couverte de poils longs et touffus, et son cou est orné d'une crinière qui lui couvre le poitrail; mais sur le reste du corps son poil est ras et lisse: la couleur générale de ce pelage est fauve sur le dos, blanchâtre sur les cotés et sur le devant.

La lionne est d'un quart environ plus petite que le lion, et dépourvue de cette crinière qui constitue si sensiblement l'extérieur majestueux du mâle.

La lionne met bas au printemps, époque où elle se retire dans les endroits les plus écartés; produit quatre ou cinq petits de la grosseur d'une belette, qui restent à la mamelle presque l'année entière : pendant ce laps de temps néanmoins la mère leur apprend à sucer le sang et à déchirer la chair des animaux qu'elle leur apporte.

La lionne est un parfait modèle d'affection maternelle : quoique naturellement plus faible et moins courageuse que le mâle, elle se montre également formidable, et même plus féroce. La lionne, ainsi que le lion, a beaucoup d'agilité. « Elle ne touche (pour emprunter le style élégant de M. de Lacépède, « la terre que par « l'extrémité de ses doigts : ses jam- « bes, élastiques et agiles, paraissent « en quelque sorte quatre ressorts « toujours prêts à se détendre pour « la repousser loin du sol, et la lancer « à de grandes distances. Elle saute , « bondit, s'élance comme le mâle , « franchit comme lui des espaces « de douze à quinze pieds ; sa vivacité « est même plus grande , sa sensibi- « lité plus ardente, son desir plus vé- « hément, son repos plus court, son « départ plus brusque, son élan plus « impétueux. » Quand elle a des petits, elle est extrêmement soigneuse de cacher l'endroit de sa retraite, dans la crainte d'être découverte; elle efface même avec sa queue la trace de ses pas; et souvent, lorsqu'elle conçoit quelques alarmes pour la sûreté de ses lionceaux, elle les transporte ailleurs : s'il s'agit de les défendre, elle ne connaît plus le danger, et se jette indifféremment sur les hommes et sur les animaux.

Lorsqu'elle a perdu ses petits, elle poursuit ceux qui les lui ont enlevés, et les suit même à quelque distance dans la mer, à travers les précipices les plus dangereux.

Le rugissement du lion, lorsqu'il cherche sa proie, ressemble au bruit du tonnerre; il est répété au loin par l'écho des rochers et des montagnes; il épouvante tous les animaux du désert, qui cherchent alors leur salut dans une fuite précipitée.

On prétend qu'en liberté il mange beaucoup à la fois, et qu'il se sustente pour deux ou trois jours.

Sa langue est armée de pointes si dures, qu'elles suffisent seules pour entamer la chair de sa victime. Lorsqu'il est en colère ou affamé, il agite sa crinière, et se bat les flancs de sa queue : dans cet état, la mort est certaine pour tout ce qui l'approche ; mais, lorsque sa crinière et sa queue sont tranquilles, et que l'animal est d'une humeur calme, les voyageurs peuvent passer à côté de lui en toute sûreté.

Le lion ne chasse que de l'œil, parce qu'il a le flair moins délicat que celui de la plupart des autres animaux. Ce fut probablement à ce défaut de flair chez les lions que Mungo-Park dut son salut dans son périlleux voyage à travers le continent intérieur de l'Afrique.

Ce vogayeur rapporte qu'en traversant un désert il aperçut un lion énorme étendu sur le sable, reposant son mufle sur ses pates alongées, et dormant à l'ardeur du soleil, les yeux à demi ouverts : quoiqu'il fût très effrayé de cette rencontre, il eut cependant la précaution de se détourner de sa route, et de retourner sur ses pas pour se cacher derrière des buissons. Mungo-Park n'en eût pas été quitte, suivant toutes les apparences, pour la peur, si ce terrible animal eût été doué de cet odorat exquis que possèdent la plus grande partie des quadrupèdes.

Les naturalistes ont fait observer, en parlant de la force musculaire du lion, qu'un seul coup de sa pate suffit pour casser les reins d'un cheval, et qu'un seul coup de fouet de sa queue renverse l'homme le plus fort. Kolben a fait la remarque que, lorsque le lion est parvenu à surprendre sa proie, il commence par la terrasser, et que rarement il l'entame avant de l'avoir assommée d'un coup mortel, qu'il porte toujours en poussant des rugissements affreux.

On a vu au cap de Bonne-Espérance un lion prendre dans sa gueule un veau, le porter avec la même facilité qu'un chat porte une souris ; il franchit un fossé très large avec beaucoup d'aisance, quoique tenant toujours cet animal entre ses dents.

Un des Hottentots de Namaaqua, qui ont leur demeure établie à environ 80 lieues du nord du cap de Bonne-Espérance, voulant conduire le troupeau de son maître dans un marais situé entre deux chaînes de rochers, découvrit un lion tapi au milieu des joncs et des roseaux. Saisi de frayeur à la vue de cet animal, il prit aussitôt la fuite, et eut assez de présence d'esprit pour traverser le troupeau , dans l'espoir que , si le lion le poursuivait , il s'arrêterait pour attaquer le premier animal qu'il rencontrerait sur ses pas : le lion s'élança au milieu du bétail en allant droit au Hottentot, qui , s'apercevant que cette terrible bête l'avait choisi pour victime, grimpa à demi mort , et pouvant à peine respirer, sur un aloès , dans le tronc duquel on avait creusé quelques marches pour parvenir plus aisément à des nids supportés par son branchage.

Il est bon d'observer que ces nids appartenaient à une espèce d'oiseaux du genre des *loxia*, qui vivent en état de société , et établissent en masse et sous un seul abri une république entière , logée sur des aires de dix pieds de diamètre , et qui comprend une population de plusieurs centaines d'individus.

Le Hottentot se plaça derrière un

groupe de ces nids , pour se dérober à la vue de son implacable ennemi. Au moment où il grimpait sur l'arbre , le lion s'élança vers lui ; mais, ayant manqué son but , il se promena tout autour de l'arbre dans le plus profond silence , en jetant par intervalles un regard effrayant sur le pauvre Africain. Celui-ci , après être resté long-temps immobile , se hasarda à vouloir regarder à travers les branches de l'arbre, dans l'espoir que son ennemi s'était éloigné ; mais, à son grand étonnement, ses yeux effrayés rencontrèrent ceux de l'animal qui lui semblèrent, comme il l'assura depuis, étinceler de rage. Le lion se coucha alors au pied de l'arbre , où il resta sans bouger de place , pendant vingt-quatre heures ; mais , pressé par la soif, il alla se désaltérer à une source située à une certaine distance de là. Le Hottentot, saisissant cette occasion, descendit de l'arbre en tremblant, et se rendit avec toute la vitesse dont il était capable à sa maison, qui n'était éloignée que d'un mille de l'arbre où il s'était tenu blotti, et y arriva sain et sauf. Il paraît que son ennemi était revenu auprès de l'arbre, et que, le voyant échappé, il lui avait donné la chasse jusqu'à près de trois cents pas de sa demeure.

Dans les parties septentrionales du continent africain qui sont infestées de cette espèce d'animaux, les naturels du pays font preuve d'une adresse et d'une intrépidité extraordinaires en les attaquant. Claude Jannequin, dans son Voyage au Sénégal, donne une description de l'un de ces combats sur les bords du Niger, entre un lion et un chef des Nègres. Le prince emmena Jannequin et sa suite dans un endroit voisin d'une forêt considérable, fréquentée par un grand

17.

nombre de bêtes féroces , et leur ordonna de grimper sur des arbres ;
puis , montant sur son cheval , et prenant avec lui trois javelots et un cimeterre , il entra dans la forêt , où
il rencontra bientôt un lion , et le
blessa à la cuisse. L'animal, furieux,
s'élança vers son assaillant, qui , par
une fuite simulée , l'attira à l'endroit
où la compagnie devant laquelle il
voulait combattre cet animal s'était
retirée. Tournant alors tout à coup
la bride de son cheval , il lança à son
antagoniste un javelot qui l'atteignit
au corps. Il descendit alors de cheval;
et le lion , écumant de rage , s'avança
vers lui, la gueule béante , comme
pour le dévorer : mais il reçut l'animal avec la pointe de son troisième
javelot, qu'il lui enfonça dans le gosier ; puis, d'un bond, sautant à cheval
sur son corps , il lui coupa la gorge
avec son cimeterre. Le Nègre fit

preuve en ce combat de tant d'agilité, qu'il ne reçut qu'une légère égratignure à la cuisse.

Malgré la férocité du lion dans l'état de nature, on l'élève souvent avec des animaux domestiques ; parmi lesquels on le voit jouer et folâtrer très innocemment : et telle est la générosité de son caractère, que souvent il dédaigne des ennemis trop faibles, et leur pardonne des insultes qu'il était en son pouvoir de venger.

L'anecdote suivante en fournit un exemple bien remarquable :

Un chien fut servi, il y a quelques années, pour pâture à un lion dont la loge était dans la tour de Londres : loin d'exercer sa fureur sur un être aussi peu dangereux, le majestueux animal lui épargna la vie, et vécut avec ce chien, pendant un temps considérable, dans une parfaite harmonie, paraissant avoir pour lui la plus grande affection. Quelquefois le chien avait l'impudence de grogner contre son bienfaiteur, et de lui disputer la nourriture que l'on jetait dans la loge; mais le roi des animaux, au lieu de châtier l'insolente témérité de son commensal, le laisait manger très tranquillement avant de commencer son repas.

On cite beaucoup d'anecdotes intéressantes sur l'attachement et la reconnaissance de cet animal pour l'homme. L'ancienne histoire d'Androclès et du lion, telle qu'elle a été rapportée par Dion-Cassius, ne peut qu'être familière à tous nos lecteurs; mais il est possible qu'ils ne connaissent pas celle-ci, qui est d'une date plus récente. Sous le règne de Jacques Ier, M. Henri Archer, horloger de son état, résidant à Maroc, avait deux lionceaux dont on lui

avait fait présent, et qui avaient
été enlevés à une lionne près du
mont Atlas. C'était un mâle et une
femelle ; et jusqu'à la mort de cette
dernière, on les avait tenus ensemble dans les jardins de l'empereur.
Après cette époque, Archer garda constamment le mâle dans son appartement jusqu'à ce qu'il eût atteint la
grosseur d'un chien de haute taille.
Il était parfaitement privé, et d'un
caractère fort doux. L'horloger étant
sur le point de retourner en Angleterre, donna cet animal à un né-
gociant de Marseille, qui en fit présent au roi de France. Il fut envoyé
par ce souverain au monarque d'Angleterre, et détenu depuis pendant
sept ans à la tour de Londres. Un
homme qui avait été au service de
M. Archer, y alla par hasard avec
quelques-uns de ses amis voir les animaux ; le lion le reconnut aussitôt,

et témoigna, par ses manières, les signes de joie les moins équivoques, à la vue de son ancienne connaissance. L'homme, également satisfait de cette rencontre, pria le gardien d'ouvrir la loge du lion, et y entra : cet animal le combla de caresses, comme eût fait un épagneul. Lorsque l'homme s'en alla, le lion poussa des rugissemens effroyables pour exprimer sa douleur, et refusa pendant quatre jours entiers de prendre aucune nourriture.

LE TIGRE.

CET animal peut être rangé à juste titre parmi les plus beaux des quadrupèdes ; sa peau, d'un fauve très vif sur toutes les parties du corps, est blanche à la gorge et au ventre,

et également marquée de longues
bandes transversales sur les flancs.
Le tigre tient la seconde place parmi
les animaux carnassiers ; mais on observe avec beaucoup de raison que,
tandis qu'il n'a aucune des bonnes
qualités du lion, il en a toutes les
mauvaises. « A la fierté, au courage
« et à la force (pour nous servir
des expressions de M. de Buffon,
dont nous emprunterons souvent
le langage), « le lion joint la no-
« blesse, la clémence et la magna-
« nimité, tandis que le tigre est
« bassement féroce, cruel sans jus-
« tice, c'est-à-dire, sans nécessité ; il
« ne craint ni l'aspect ni les armes
« de l'homme, désole le pays qu'il
« habite ; il égorge, il dévaste les
« troupeaux d'animaux domesti-
« ques, met à mort toutes les bêtes
« sauvages, attaque les petits élé-
« phants, les jeunes rhinocéros,

« ose quelquefois braver le lion. »

Lorsqu'il vient de déchirer le corps de sa victime, c'est pour y plonger la tête, et pour sucer à long traits le sang dont il vient d'ouvrir la source, qui tarit toujours avant que sa soif ne s'éteigne.

Le tigre, pour s'assurer de sa proie, se cache à tous les regards, et s'élance d'un bond prodigieux sur sa victime, en poussant des rugissements affreux. On prétend qu'à l'instar du lion, s'il manque son but, il s'en va sans renouveler l'attaque. Il semble préférer la chair de l'homme à celle de toute autre proie ; mais il s'expose rarement à attaquer de vive force tout être dont il n'est pas sûr de triompher.

Il y a quelques années qu'une compagnie, assise à l'ombre sur les bords d'une rivière dans le Bengale, fut alarmée par l'apparition subite d'un tigre qui se préparait à s'élancer sur elle ; mais une dame de la société ayant eu l'incroyable présence d'esprit de déployer son parasol sous le nez de l'animal, il prit aussitôt la fuite, comme s'il eût été saisi d'effroi à la vue de cet objet extraordinaire pour lui, et leur fournit l'occasion de s'échapper.

Un trompette, qui dormait pendant la nuit près de la tente d'un général dans une guerre de la Russie contre la Perse, ayant été saisi par un tigre, dut aussi son salut à la présence d'esprit qu'il eut de sonner de son instrument. Le tigre, étonné de ce bruit qui lui était étranger, lâcha sa proie, et disparut.

Mais la fortune ne s'est pas toujours montrée aussi favorable envers les personnes attaquées par le tigre : on en a un exemple bien déplorable dans la funeste catastrophe qui arriva, il y a quelques années dans les Indes Orientales ; il est encore présent à la mémoire de tous ceux qui ont lu la relation qui en a été donnée par un témoin oculaire de cet événement tragique.

Des marins descendirent un jour sur la côte de l'île de Sangar pour chasser des daims dont ils avaient vu de nombreuse pistes, ainsi que de tigres. Ils continuèrent leur partie de chasse jusqu'à près de trois heures du soir : s'étant assis alors à côté d'un Jungle pour prendre quelques rafraîchissements, ils entendirent des rugissements semblables au bruit du tonnerre, et aussitôt après un tigre d'une taille prodigieuse vint fondre sur M. Monro, fils de sir Hector Monro, baronnet, et l'enleva en se précipitant dans le Jungle, et en l'entraînant à travers d'épais buissons. Tout cédait à la force de ce monstrueux animal ; la femelle accompagnait ses pas.

Un sentiment d'horreur, de regrets, et de crainte, s'empara aussitôt
des amis de cette victime infortunée ; un d'eux déchargea son fusil
sur le tigre, qui manifesta quelque
agitation ; un second fit encore feu sur
cette bête féroce ; et quelques momens
après le malheureux jeune homme
revint joindre sa compagnie , baigné
dans son sang. Tous les secours de
l'art lui furent prodigués en vain ,
et il expira dans l'espace de vingtquatre heures, ayant reçu des blessures si profondes des dents et des
griffes de l'animal , qu'il était impossible que la cure pût s'en opérer.
Il est à remarquer qu'un grand feu ,
consistant en dix ou douze corps
d'arbres entiers, était allumé près de
l'endroit où cette catastrophe arriva ,
et que les chasseurs avaient avec eux

douze naturels du pays. L'imagination, dit ce témoin oculaire, ne peut pas se figurer cette scène effroyable. A peine avions-nous détaché notre canot de cette côte, que la tigresse vint se présenter, écumante de rage, et qu'elle resta sur la rive pendant tout le temps qu'elle continua de nous apercevoir.

La force musculaire de ce quadrupède est excessive ; l'anecdote suivante en offrira la preuve.

Un paysan des Indes Orientales avait un buffle qui venait de tomber dans une mare ; tandis qu'il était allé, avec quelques gens de son village, chercher du secours, un tigre se présenta sur les lieux, et tira aussitôt du bourbier l'animal, quoique plusieurs hommes eussent fait auparavant d'inutiles efforts pour l'en dégager. A leur retour, le premier objet qu'ils virent fut le tigre portant le buffle sur ses épaules, et s'en allant du côté de sa tanière : en apercevant ces villageois, néanmoins, il laissa tomber sa proie, et s'enfuit dans les bois ; mais il avait eu la précaution auparavant de tuer le buffle et d'en sucer le sang.

Il est bon de faire observer ici que quelques buffles de l'Inde sont deux fois aussi gros que la plupart de nos bêtes à cornes. On peut se former par là une idée de la force prodigieuse d'un animal qui peut porter sans gêne un poids aussi énorme.

Une lutte très opiniâtre s'engage quelquefois entre cette bête féroce et l'éléphant, et M. d'Obsonville a été témoin de l'un de ces combats dans le camp d'Hyder-Ali. Un tigre, qui n'était pas encore dans sa force, puisqu'il n'avait que quatre pieds de hauteur, fut amené dans l'arène, et attaché à un pieu, autour duquel sa chaîne pouvait tourner librement. Un éléphant très gros et très bien dressé y fut introduit aussi par son cornac. Un triple rang de lanciers bordaient l'amphithéâtre. L'action, dans le début, fut très chaude; mais l'éléphant, après avoir reçu de profondes blessures, remporta la victoire.

Il sera facile d'apprécier la vigueur du tigre dans l'état de liberté, quand on voit un animal de cette espèce, qui n'était pas encore parvenu à sa force ordinaire, et qui d'ailleurs se trouvait contrarié dans ses mouvements par des chaînes, se mesurer contre un colosse comme l'éléphant.

L'HYÈNE.

L'HYÈNE est à peu près de la grosseur d'un chien de forte taille ; elle a le poil d'un brun grisâtre, marqué de différentes bandes, tirant sur le noir ; sa tête est large et plate, et ses yeux ont l'expression d'une grande férocité. Cet animal a le poil du cou rebroussé, et qui forme, en se hérissant, une crinière oblongue et prolongée jusque sur le dos. L'aspect général de l'hyène dénote une sombre disposition à la méchanceté, et ses mœurs s'accordent parfaitement avec cette apparence. Son cou est si roide, que, pour regarder derrière lui, l'animal est obligé de tourner tout son corps à la manière du pourceau.

Les hyènes habitent, en général, les cavernes et les lieux garnis de rochers, d'où elles sortent par trou-

peaux pendant la nuit pour se nourrir
de charogne, ou de tous les animaux
vivants dont elles peuvent s'emparer ;
elles commettent souvent de grands
ravages parmi les bestiaux dont elles
forcent les étables ; elles violent aussi
l'asile des morts pour dévorer des
cadavres putréfiés, et se plaisent au
milieu de l'infection des tombeaux.
« Quand l'hyène ne peut satisfaire
(dit Poiret) « son appétit carnassier,
« elle devient frugivore et se nourrit
« de racines, principalement de re-
« jetons des petits palmiers en éven-
« tails. »

On prétend que son courage égale
sa férocité, car un individu de son
espèce se défend quelquefois avec
beaucoup d'obstination contre des
animaux beaucoup plus forts ; et
Kempfer rapporte qu'il a vu souvent
de ces animaux attaquer l'once ou
la panthère.

« Ces quadrupèdes, dit M. Bruce,
« sont un véritable fléau pour l'A-
« byssinie, on en voit partout, dans
« les villes comme dans les campa-
« gnes ; et je suis sûr qu'il y en a plus
« que de moutons. Du matin au soir,
« Gondar est rempli d'hyènes qui
« viennent dévorer les cadavres que
« les habitants de cette ville, aussi
« cruels que malpropres, laissent sans
« sépulture, dans la persuasion que ces
« animaux sont des falasha ou mauvais
« génies transformés par un pouvoir
« magique, et qui descendent des
« montagnes voisines pour se nourrir,
« dans l'obscurité et sans crainte,
« de chair humaine. Souvent la nuit,
« lorsque le roi m'avait retenu très
« tard dans son palais, que je n'étais
« pas de service pour y coucher, et
« qu'ensuite je voulais me retirer en
« traversant une place qui n'était
« éloignée que de trois ou quatre

« cents verges, je craignais qu'elles
« n'accourussent pour me mordre les
« jambes : elles venaient gronder
« autour de moi en grand nombre ,
« quoique je fusse entouré de plu-
« sieurs hommes armés, qui , toutes
« les nuits , tuaient ou blessaient
« quelques-unes de ces bêtesféroces. »
« Une nuit j'étais, dans la province
« du Maïfsha, très occupé à faire une
« observation astronomique, lorsque
« j'entendis passer quelque chose der-
« rière moi près de mon lit ; je me
« retournai, et je ne pus rien voir.
« Ayant achevé ce que je faisais, je
« sortis de ma tente , bien résolu d'y
« retourner très promptement. En
« effet , j'y rentrai tout de suite , et
« j'aperçus deux gros yeux bleus
« attachés sur moi ; je criai à mon
« domestique de m'apporter de la
« lumière , et nous vîmes une hyène
« à côté du chevet de mon lit , tenant

« dans sa bouche deux ou trois
« paquets de chandelles. Tirer sur
« cette bête, c'eût été m'exposer à
« briser mon quart de cercle ou quel-
« que autre instrument : comme l'a-
« nimal avait la bouche pleine, et qu'il
« avait aussi les griffes embarrassées,
« je n'eus pas peur de lui, et d'un
« coup de lance je le frappai aussi
« près du cœur que je le pus. Jus-
« qu'alors il n'avait pas montré le
« moindre signe de fureur ; mais dès
« qu'il se sentit blessé, il laissa tom-
« ber les chandelles, et chercha à re-
« monter le long du fût de la lance
« pour arriver jusqu'à moi. Je me
« vis obligé de tirer un de mes pis-
« tolets de ma ceinture et de lui lâ-
« cher mon coup ; presque aussitôt,
« mon domestique lui fendit la tête
« d'un coup de hache. Les hyènes,
« en un mot, faisaient le tourment
« de ma vie et de celle de mes com-

« pagnons de voyage ; elles jetaient
« la terreur parmi nous, dans nos
« promenades nocturnes, et dévo-
« raient sans cesse quelques-uns de
« nos mulets et de nos ânes, qu'elles
« recherchent de préférence à toute
« autre nourriture. »

A Darfur, royaume situé dans l'intérieur de l'Afrique, ces quadrupèdes
vont, en troupeaux de six, huit et
quelquefois plus, enlever pendant la
nuit, dans des villages, ce qu'ils peuvent saisir. Ils tuent les chiens et
même les ânes dans l'intérieur des
habitations, et toutes les fois qu'on
jette à la voirie une bête morte, ils
s'assemblent, et, réunissant leurs
forces, l'entraînent à une distance
considérable. Ils ne se laissent in-
timider ni par l'approche des hommes
ni par le bruit des armes à feu.

On voit de ces animaux aujour-
d'hui dans toutes les expositions de

bêtes féroces : en Angleterre , leurs
gardiens s'accordent tous à assurer
qu'ils sont très indociles et très mé--
chants quand ils sont vieux ; mais il
y a eu des exemples de jeunes animaux de cette espèce qui ont été apprivoisés. M. Pennant déclare qu'il
a vu une hyène qui était aussi privée
qu'un chien. M. de Buffon parle d'un
de ces animaux que l'on faisait voir
à Paris, à la foire Saint-Germain,
et qu'on était parvenu à dépouiller
entièrement de sa férocité naturelle.
Le gardien d'Exter-Change m'a dit
aussi qu'il avait maintenant en sa
possession une hyène qui était si
privée lorsqu'elle n'avait que six
mois, que souvent on la laissait cou-
rir dans la salle de l'exposition. Elle
aimait à jouer avec tous les chiens
qui se trouvaient dans la pièce, et
permettait aux étrangers de l'approcher et de la frapper du plat de la

main sur le dos, sans manifester le moindre déplaisir. Cependant ou commença à remarquer alors dans elle un caractère dur et farouche qui s'accrut avec l'âge, et l'on est obligé aujourd'hui de la tenir enfermée. Cet animal avait été amené à Londres, dans le vaisseau de la compagnie des Indes, appelé *le Manship*, et il a aujourd'hui près de sept ans.

M. John Hunter avait à *Earle's-Court* une hyène âgée de près de dix-huit mois, et qui était si privée, qu'elle se laissait toucher par les spectateurs. A la mort de M. Hunter, elle fut vendue au propriétaire d'une ménagerie ambulante. Quelque temps avant son transport dans les provinces, elle fut logée à la tour de Londres, où elle continua de rester passablement traitable; mais lorsqu'on la mit dans une cage pour voyager, elle manifesta des signes de férocité pa-

reils à ceux de l'hyène la plus sauvage. Elle fut enfin tuée par un tigre
enfermé dans une cage voisine : elle
en avait brisé la cloison avec ses
dents, dont la force est inconcevable.

Dans l'état de captivité, l'hyène
consomme trois à quatre livres de
viande crue par jour, et boit environ
trois pintes d'eau.

Il y a une particularité singulière
aux hyènes, c'est qu'au moment,
comme le dit M. de Buffon, qu'on les
force à se mettre en mouvement, elles
sont boiteuses de la jambe gauche :
cela dure pendant environ une cen-
taine de pas, et d'une manière si marquée, qu'il semble que l'animal aille
culbuter du côté gauche, comme un
chien auquel on aurait blessé la jambe
gauche de derrière.

LE LOUP.

CET animal est beaucoup plus gros et plus musculeux que le chien ; la longueur de son corps est ordinairement de trois pieds et demi, tandis que celle du chien le plus fort excède rarement celle de trois pieds. En général, la couleur de son poil est un mélange de noir, de brun, et de gris de fer, quoique dans le Canada il soit entièrement noir, et presque tout blanc dans quelques autres contrées. Le loup a la tête longue, le nez effilé, les dents énormes, et des oreilles étroites et pointues ; ses yeux obliquement relevés sont étincelants et d'une couleur verte : son aspect annonce une extrême férocité. La longueur du poil de cet animal augmente la grosseur apparente de son volume ; et sa queue est longue et touffue.

« Le loup, dit M. de Buffon, est
« un de ces animanx dont l'appétit
« pour la chair est le plus véhément;
« et quoique avec ce goût il ait reçu de
« la nature les moyens de le satifaire,
« qu'il lui ait été donné des armes,
« de la ruse, de l'agilité, de la force,
« tout ce qui est nécessaire, en un
« mot, pour trouver, attaquer, vain-
« cre, saisir et dévorer sa proie, ce-
« pendant il meurt souvent de faim,
« parce que l'homme lui ayant dé-
« claré la guerre, l'ayant même pros-
« crit en mettant sa tête à prix, le
« force à fuir et à demeurer dans les
« bois, où il ne trouve que quelques
« animaux sauvages qui lui échappent
« par la vitesse de leur course, et
« qu'il ne peut surprendre que par
« hasard ou par patience, en les
« attendant long-temps, et souvent
« en vain, dans les endroits où ils
« doivent passer. Il est naturelle-

« ment grossier, poltron ; mais il
« devient ingénieux par besoin, et
« hardi par nécessité ; pressé par la
« faim, il brave le danger, vient
« attaquer les animaux qui sont sous
« la garde de l'homme, ceux sur-
« tout qu'il peut emporter aisément,
« comme les agneaux, les petits
« chiens, les chevreaux. »

Dans le pays où les loups sont nombreux, ils descendent par troupeaux
des montagnes, ou sortent des bois
par bandes, pour commettre d'horri-
bles dévastations. Ces attroupements
infestent tous les villages, enlèvent de
vive force les moutons, les agneaux,
les cochons, les veaux, et même les
chiens ; car dans ces circonstances
toute espèce de nourriture animale
leur convient. Le cheval et le bœuf,
seuls quadrupèdes domestiques qui
puissent opposer quelque résistance à
ces ennemis, succombent souvent sous

leur nombre et leurs assauts répétés ;
souvent l'homme lui-même, dans ces
occasions, est victime de leur vora-
cité : on ne parvient à les expulser
que lorsqu'on en a tué un grand nombre ; et quand ils sont obligés de fuir,
ils reviennent bientôt à la charge.
Ceux qui ont goûté une fois de la chair
humaine cherchent toujours ensuite à
attaquer l'homme, et préfèrent évi-
demment le berger à son troupeau.

Quoique le loup soit si glouton qu'il
remplit quelquefois son estomac de
fange ou de terre, et dévore sa propre espèce quand il est pressé par la
faim, cependant sa férocité ne triom-
phe jamais de l'extrême sagacité et
de l'extrême finesse dont il est doué :
toujours soupçonneux, toujours dé-
fiant, il s'imagine que tout ce qu'il
voit est un piége dressé pour le prendre : s'il trouve une chèvre qu'on a
attachée à un poteau pour la traire,

il n'ose en approcher, craignant qu'on n'ait placé là cet animal pour lui jouer pièce ; mais la chèvre n'est pas plus tôt mise en liberté qu'il la poursuit et la dévore.

Dans l'année 1764, un animal de cette espèce, appelé la bête du Gévaudan, commit les ravages les plus terribles dans quelques cantons du Languedoc, et devint bientôt la terreur de tout le pays.

Nos lecteurs n'apprendront pas sans quelque intérêt l'aventure singulière qui se passa dans l'Amérique septentrionale, entre le général Putnam et l'un de ces animaux féroces. Quelque temps après que ce général se fut retiré dans le Connecticut, les loups, qui alors étaient fort nombreux dans cette province, entrèrent un jour dans un parc à moutons, et tuèrent soixante et dix de ces bêtes à laine, tant brebis que béliers, sans compter

le massacre qu'ils firent de plusieurs
agneaux et cabris. Cet affreux ravage fut commis par une louve qui,
avec ses louveteaux de chaque portée, infestait depuis plusieurs années
le voisinage. Les nourrissons étaient
en général détruits par la vigilance
des chasseurs: mais la mère avait
trop de sagacité et de finesse pour
venir à portée de fusil; et, lorsqu'on la poursuivait de près, elle
avait l'habitude de s'enfuir dans les
forêts occidentales du pays, et de revenir la saison suivante avec une autre ventrée.

Cet animal, à la fin, causa des dom-
mages tellement considérables, que
M. Putnam et ses voisins convinrent
entre eux de lui donner alternativement la chasse jusqu'à ce qu'ils fussent parvenus à la tuer. Personne
n'ignorait dans le pays que cette louve
ayant eu le doigt d'un pied coupé,

dans un piége d'acier, faisait une en-
jambée plus courte que l'autre ; les
chasseurs reconnurent à cet indice ses
traces sur la neige. Après l'avoir suivie jusqu'à la rivière du Connecticut,
et s'être assurés qu'elle était retournée
à son point de départ, ils revinrent
sur leurs pas , et le lendemain matin
les chiens la forcèrent de se réfugier
dans une caverne située à environ
trois milles de la maison de M. Putnam. Tous les gens du canton se réu-
nirent aussitôt, accompagnés de leurs
chiens , armés de fusils , et munis de
paille , de feu et de soufre, pour attaquer leur ennemi commun : différentes
tentatives furent faites pour le déloger
de cet antre sauvage ; mais les chiens
revinrent blessés ou intimidés, et, ni
la fumée de la paille à laquelle on
avait mis le feu , ni les vapeurs du
soufre enflammé, ne purent parvenir
à lui faire quitter sa retraite. Fatigué

de tous ces essais inutiles, et qui du-
raient depuis plus de douze heures,
M. Putnam proposa à son nègre de
descendre dans ce souterrain, et de
tirer un coup de fusil à la louve;
mais, sur le refus de ce domestique
de remplir une mission aussi péril—
leuse, le général prit la résolution de
tuer de ses propres mains ce cruel
animal, de peur qu'il ne parvînt à
s'échapper par quelque fente ou cre-
vasse inconnue du rocher.

S'étant pourvu en conséquence de
plusieurs bandes d'écorce de bouleau
pour s'éclairer dans cette caverne
ténébreuse, il quitta ses habits, et,
s'étant attaché aux jambes une corde
au moyen de laquelle il était possible de le tirer en arrière à un
signal convenu, il entra dans cette
grotte, la tête la première, tenant
à la main une torche allumée. L'ouverture de la caverne, qui donne

sur le côté oriental d'une haute chaîne de rochers, est d'environ deux pieds carrés; elle forme d'abord une descente oblique de quinze pieds, puis s'étend horizontalement à dix de plus, et ensuite s'élève par degrés de seize pieds vers son extrémité. Les côtés de cette grotte consistent en deux fragments de roc solides et très unis, qui semblent avoir été séparés l'un de l'autre par un tremblement de terre; la voûte et la base de l'antre sont en pierre, de sorte que son entrée, qui dans l'hiver est couverte de glace, est très glissante. Il n'y a aucun endroit de ce souterrain dans lequel un homme puisse se tenir debout, ou qui ait plus de trois pieds de largeur. Lorsque M. Putnam se fut traîné jusqu'à la partie horizontale de la caverne, les plus épaisses ténèbres se manifestèrent devant la pâle lumière produite par la flamme de sa torche, et tout, dans ce séjour obscur, était silencieux comme l'antre de la mort : en avançant avec précaution, il parvint à la hauteur dont nous venons de parler, et la monta sur ses mains et sur ses genoux jusqu'à un endroit d'où il aperçut les yeux de la louve, qui était cachée à l'extrémité de l'antre. Réveillée par la lueur de la flamme, elle grinça des dents, poussa un hurlement affreux ; sur quoi le général secoua la corde comme pour avertir de le ramener dehors. Les gens placés à l'ouverture de la grotte, en entendant les hurlements de la louve, s'imaginèrent que M. Putnam, courait un danger imminent, et le tirèrent à eux avec tant de promptitude que sa chemise se releva sur sa figure, et qu'il eut la peau du ventre cruellement déchirée. Quoi qu'il en soit, il persista courageusement dans sa résolution , et , après s'être rajusté et avoir chargé de lingots son fusil , il descendit une seconde fois dans la grotte. A sa seconde approche , la louve prit une contenance féroce et terrible en hurlant , roulant ses yeux enflammés, faisant craquer ses dents, et baissant sa tête entre ses jambes; mais au moment où elle allait s'é-lancer sur le général , il lui dé-chargea un coup de fusil dans le crâne , et fut aussitôt retiré de la caverne. Après s'être reposé un ins-tant , et avoir donné le temps à la fumée de se dissiper , il descendit de nouveau dans la grotte : appli-quant alors sa torche au museau de l'animal , il le trouva sans vie ; puis , le saisissant par les deux oreilles , et agitant de nouveau la corde , il le ramena avec lui , au grand étonnement de tous les spec-tateurs.

La chasse des loups est un passe-
temps favori des grands seigneurs
dans beaucoup de pays ; et on a fait
observer avec beaucoup de justesse
que cette chasse ne fait pas honte
à la raison, et qu'elle n'arrache aucunes larmes à l'humanité : c'est un
acte vraiment méritoire que celui
de purger la terre d'un fléau aussi
dévastateur ; et c'est pour y parvenir
qu'on a eu recours à la force et à
des stratagèmes de toute espèce.

LE RENARD.

Le renard a les formes plus déliées
que le loup, et il est beaucoup moins
gros que cet animal ; sa queue est plus
longue et plus touffue, mais la direction oblique de ses yeux et la forme
de ses oreilles sont semblables à celles
du loup. Sa tête paraît proportion-

nellement plus forte. Il a l'humeur folâtre ; mais on ne peut jamais parvenir à l'apprivoiser entièrement ; et, comme tous les animaux à demi privés , il mord à la plus légère offense les personnes avec lesquelles il est le plus familier : il languit lorsqu'on le prive de sa liberté ; et si on le tient trop long-temps dans la captivité, *il périt d'ennui.*

Le renard est le plus fin et le plus rusé de tous les animaux de proie :
« Le choix du lieu de son domicile,
« l'art de faire ce manoir, de le ren-
« dre commode, d'en dérober l'en-
« trée, fait observer M. de Buffon,
« sont autant d'indices d'un sentiment
« supérieur. Le renard en est doué,
« et tourne tout à son profit ; il se
« loge au bord des bois, à portée des
« hameaux ; il écoute le chant des
« coqs et le cri des volailles ; il les
« savoure de loin ; il prend habile-

« ment son temps; cache son dessein
« et sa marche, se glisse, se traîne,
« arrive, et fait rarement des tenta-
« tives inutiles. S'il peut franchir
« les clôtures, ou passer par dessous,
« il ne perd pas un instant; il ravage
« la basse-cour, il y met tout à mort,
« se retire ensuite lestement en em-
« portant sa proie, qu'il cache sous la
« mousse, ou qu'il porte à son terrier;
« il revient quelques moments après en
« chercher une autre, qu'il emporte et
« cache de même, mais dans un autre
« endroit; ensuite une troisième, une
« quatrième, etc., jusqu'à ce que le
« jour ou le mouvement dans la mai-
« son l'avertisse qu'il faut se retirer,
« et ne plus revenir. » Il fait la même
manœuvre dans les pipées et dans les
boqueteaux, où l'on prend les grives
et les bécasses au lacet; il devance le
pipeur, va de très grand matin, et souvent plus d'une fois par jour, visiter

les lacets, les gluaux, emporte successivement les oiseaux qui se sont empêtrés, les dépose tous en différents endroits, surtout au bord des chemins, dans les ornières, sous de la mousse, sous un genièvre, les y laisse quelquefois deux ou trois jours, et sait parfaitement les retrouver au besoin. Il chasse les jeunes levrauts en plaine, saisit quelquefois les lièvres au gîte, ne les manque jamais lorsqu'ils sont blessés ; déterre les lapereaux dans les garennes, découvre les nids de perdrix, de cailles, prend la mère sur les œufs, et détruit une quantité prodigieuse de gibier. Le loup nuit plus aux paysans, le renard nuit plus au gentilhomme.

La chasse du renard demande moins d'appareil que celle du loup ; elle est plus facile et plus amusante : tous les chiens ont de la répugnance pour chasser les loups ; tous, au contraire, chassent volontiers le renard, et même avec plaisir ; car, quoiqu'il ait l'odeur très forte, ils le préfèrent souvent au cerf, au chevreuil, et au lièvre : on peut le chasser avec des bassets , des chiens courants, des briquets. Dès qu'il se sent poursuivi , il court à son terrier ; les bassets à jambes torses sont ceux qui s'y glissent le plus aisément.

Cette manière est bonne pour prendre une portée entière de renards, la mère avec les petits. Pendant qu'elle se défend et combat les bassets , on tâche de découvrir le terrier par dessus , et on la tue ou on la saisit vivante avec des pinces. Mais comme les terriers sont souvent dans des rochers , sous des troncs d'arbres, et quelquefois très enfoncés sous terre , on ne réussit pas toujours.

La façon la plus ordinaire , la plus agréable et la plus sûre de chasser le renard, est de commencer par boucher les terriers : on place les tireurs à portée, on quête alors avec les briquets; dès qu'ils sont tombés sur la voie, le renard gagne son gîte; mais en arrivant il essuie une première décharge; s'il échappe à la balle, il fuit de toute sa vitesse, fait un grand tour, et revient encore à son terrier, où on le tire une seconde fois; et, trouvant l'entrée fermée, il prend le parti de se sauver au loin, en perçant droit en avant pour ne plus revenir. C'est alors qu'on se sert des chiens courants lorsqu'on veut le poursuivre : il ne laissera pas de les fatiguer beaucoup, parce qu'il passe à dessein dans les endroits les plus fourrés, où les chiens ont grand'peine à le suivre, et que quand il prend la plaine, il va très loin sans s'arrêter.

Pour détruire les renards, il est encore plus commode de tendre des piéges, où l'on met pour appât de la chair, un pigeon, une vollaille vivante, etc. On fit un jour suspendre à neuf pieds de hauteur, sur un arbre, les débris d'une halte de chasse, de la viande, du pain, des os; dès la première nuit, les renards s'étaient si fort exercés à sauter, que le terrain autour de l'arbre était battu comme une aire de grange. Le renard est aussi vorace que carnassier; il mange de tout avec une égale avidité, des œufs, du lait, du fromage, des fruits, et surtout des raisins : lorsque les levrauts et les perdrix lui manquent il se rabat sur les rats, les mulots, les serpents, les lézards, les crapauds, etc.; et il en détruit un grand nombre : c'est là le seul bien qu'il procure. Il est très avide de miel; il attaque les abeilles sauvages, les guêpes, les frelons, qui d'abord tâchent de le mettre en fuite en le perçant de mille coups d'aiguillon: il se retire en effet, mais c'est en se couchant pour les écraser; et il revient si souvent à la charge, qu'il les oblige à abandonner le guêpier; alors il le déterre, en mange le miel et la cire. Il prend aussi les hérissons, les roule avec ses pieds, et les force à s'étendre. Enfin, il mange du poisson, des écrevisses, des hannetons, des sauterelles, etc.

Le renard montre beaucoup de pénétration dans les moyens qu'il emploie pour tirer les lapereaux de leur terrier; il n'entre pas par leur ouverture, car dans ce cas il lui faudrait faire une fouille de plusieurs pieds sous terre, mais il suit à la surperficie du sol les émanations de leurs corps jusqu'à ce qu'il parvienne à l'endroit où ils sont cachés; et grattant ensuite la terre, il descend facilement au-dessus d'eux.

Pontoppidam assure que, quand le renard aperçoit une loutre qui se jette à l'eau pour pêcher, il se cache der— rière une pierre, et que, lorsque la loutre revient sur le rivage avec sa proie, il s'élance sur elle d'un bond si vigoureux, que l'animal effrayé s'enfuit en abandonnant sa conquête.

« Un renard, ajoute cet- auteur,
« avait mis par rangées plusieurs
« têtes de poisson à quelque distance
« d'une cabane de pêcheur : on ne
« pouvait pas juger d'avance son but,
« lorsque peu de temps après un
« corbeau qui vint fondre sur ces
« têtes de poissons fut la proie de
« cet animal. »

On a vu il y a quelques années à Chelmsford, dans le comté d'Essex, un exemple singulier de l'affection de ce quadrupède pour sa progéniture; une femelle de renard, qui n'avait qu'un petit, fut débusquée d'un bois et vivement poursuivie par la meute d'un particulier. La pauvre bête, après s'être exposée à toutes sortes de dangers pour soustraire son nourrisson à la fureur des chiens, le prit dans sa gueule, et se déroba, en fuyant à la poursuite des veneurs, pendant plusieurs milles; enfin traversant la cour d'une ferme, elle fut attaquée par un gros mâtin, et obligée de laisser tomber son petit, qui fut ramassé par le fermier. Cette pauvre bête parvint à s'échapper et à regagner son gîte.

Le révérend père Daniel parle d'une femelle de renard qui fut chassée près de Saint-Yves, pendant trois quarts d'heure, tenant dans sa gueule un petit qu'elle fut enfin obligée d'abandonner à ses ennemis.

La femelle du renard produit une fois par an, et a deux ou trois petits par portée; si elle s'aperçoit que l'endroit de sa retraite est découvert, elle transporte aussitôt ses nourrissons dans un asile plus sûr. Les petits des renards naissent aveugles comme ceux des chiens, et ont le poil d'un brun foncé. Ils croissent jusqu'à ce qu'ils aient atteint l'âge de dix-huit mois, et vivent treize à quatorze ans; dans l'hiver ces animaux aboient presque sans interruption, mais en été, quand leur poil mue, ils gardent constamment le silence.

LE CASTOR.

La longueur de cet animal porte environ trois pieds. Sa queue est d'une configuration ovale, longue de onze pouces, et horizontalement comprimée dans sa partie inférieure; mais elle prend une forme convexe à la surface supérieure; elle est dépourvue de poils, si ce n'est à sa base, et couverte d'écailles comme celle d'un poisson ; elle sert à ce quadrupède de gouvernail pour le diriger dans l'eau, et devient pour lui un instrument fort utile dans d'autres, opérations. Son poil est doux, lisse, luisant, châtain, et quelquefois noir. On a vu des castors qui étaient tout-à-fait blancs, d'autres d'un blanc de lait ; il en est de mouchetés. Le castor a les oreilles courtes et presque cachées dans sa fourrure ; ses pieds de devant sout petits et à peu près semblables à ceux d'un rat ; ceux de derrière sont larges, et tous les doigts en sont réunis par une membrane. Il a les dents incisives très fortes et très propres à couper le bois : aussi ce quadrupède ne fait-il sa nourriture que d'écorces et de feuilles d'arbres.

Aucun animal ne paraît posséder autant de sagacité naturelle que ces

quaprupèdes. L'industrie est leur caractère distinctif, et les travaux des
castors semblent être le résultat d'une
espèce de contrat social formé entre
eux pour leur conservation et leur
soutien mutuels Ils vivent ordinairement en communauté de deux à trois
cents individus, occupant des habitations qu'ils élèvent à la hauteur de six
ou huit pieds au-dessus de l'eau. Ils
choisissent, si cela leur est possible,
un grand étang, dans lequel ils
construisent leurs maisonnettes sur
pilotis, ayant soin de leur donner
une forme ovale ou circulaire. Ces
maisonnettes se terminent par une
voûte, qui donne extérieurement
à l'édifice la forme d'un dôme, et
intérieurement celle d'un fort. Le
nombre de ces constructions varie
de dix à trente.

Si ces animaux ne peuvent pas
parvenir à trouver un étang qui cou-

vienne à leurs vues, ils font choix d'un terrain uni, traversé par un courant d'eau, et les opérations auxquelles ils se livrent pour rendre cette localité propre à leurs habitations, prouvent une sagacité, une intelligence et une mémoire qui approchent des facultés humaines.

Lorsque les castors se sont divisés par tribus ou par compagnies, leur premier soin est de construire une digue, et ils l'établissent toujours dans l'endroit le plus favorable à leurs desseins, en abattant des arbres d'une grosseur considérable, en enfonçant dans la terre des pieux de cinq ou six pieds de hauteur, en les alignant sur plusieurs rangées, et en les entrelaçant de petites branches d'arbres. Ils remplissent aussi les intervalles de ce pilotis de pierres, de sable, et de glaise, qu'ils maçonnent avec tant de solidité, que, quoique cette chaussée ait souvent cent pieds de long, un homme peut se promener dessus en toute sûreté. Cette chaussée, de dix à douze pieds de large à sa base, se réduit considérablement au sommet, qui a rarement plus de deux à trois pieds de diamètre.

Le pilotis, composé, comme nous l'avons dit, de plusieurs rangs de pieux, est exactement de niveau d'un bout à l'autre, perpendiculaire du côté de l'eau, et en talus du côté qui soutient la charge, de sorte que l'herbe y croît bientôt et rend l'ouvrage plus compacte et plus solide. Après avoir terminé cette jetée, les castors s'occupent à construire leurs cabanes. Ces maisonnettes sont bâties en terre, en pierres et en bois, arrangées avec beaucoup de solidité, et revêtues d'un enduit à l'extérieur.

Les murs ont environ deux pieds

d'épaisseur, et le plancher est tellement élevé au-dessus de la surface de l'eau, qu'il ne court jamais le danger d'être submergé. Quelques-unes de ces cabanes n'ont qu'un étage, d'autres en ont trois, et Dupratz nous informe qu'il a trouvé dans une de celles qu'il a examinées quinze cellules différentes les unes des autres. Le nombre des castors qui habitent ces maisonnettes varie de dix à trente. On prétend que chaque individu forme son lit de mousse, de feuilles et d'autres substances légères, et que chaque famille met en réserve des provisions d'hiver, qui consistent principalement en écorces et en branches d'arbres fort tendres, coupées dans une certaine longueur, et entassées avec beaucoup d'ordre et de propreté.

Chacune de ces cabanes a deux issues, l'une du côté de la terre, et par laquelle ils sortent pour aller chercher leurs provisions ; l'autre, sous l'eau, et toujours plus basse que l'épaisseur ordinaire des glaces, ce qui les met à l'abri des effets de la gelée. Lorsqu'ils ont séjourné trois ou quatre ans dans le même endroit, il leur arrive très fréquemment d'élever un nouveau bâtiment si voisin du premier, qu'ils établissent une communication de l'un à l'autre, et cet arrangement a probablement donné lieu à l'idée qu'ils avaient plusieurs appartements. Dès que leurs maisonnettes sont complètement terminées, ils établissent de nouveaux ouvrages, et ne les interrompent même pas lorsque l'étang est entièrement pris. Ils continuent leurs travaux à travers un trou pratiqué dans la glace, et qu'ils entretiennent ouvert à cet effet. Souvent dans l'été ils abandonnent leurs cabanes, courent de places en places, et passent les nuits à l'abri des buissons ou sur le bord de l'eau. Dans ces circonstances, ils ont des sentinelles qui, par un certain cri d'alarme, les avertissent de l'approche du danger. Dans l'hiver, ils ne sortent jamais, si ce n'est pour aller à leurs magasins établis sous l'eau, et ils deviennent excessivement gras pendant cette saison.

OURS COMMUN.

C'EST un animal sauvage et solitaire qui habite les excavations les plus inaccessibles des montagnes, ou fixe son séjour dans les endroits les plus retirés et les plus impénétrables des forêts. Il a les oreilles courtes, arrondies, les yeux petits, et pourvus d'une membrane clignotante ; son museau

est saillant, et il a l'organe de l'odorat extrêmement fin. Dans tous les
animaux de cette espèce, les jambes
et les cuisses sont fortes et musculeu-
ses, les pieds singulièrement longs,
et les griffes si aiguës, qu'ils peuvent
grimper sur les arbres avec assez de
facilité. La voix de l'ours consiste en
un grondement sourd et un gros mur-
mure qu'il fait souvent entendre sans
la moindre provocation.

Les ours sont si communs dans le
Kamtschatka qu'on les voit souvent
errer dans les plaines en nombreuses
compagnies, et ils auraient depuis
long-temps dépeuplé le pays, si dans
ces contrées ils n'étaient pas d'un naturel plus traitable et plus doux qu'ils
ne le sont en général dans les autres
parties du globe. L'hiver, ils habitent
principalement les montagnes; mais,
au printemps, ils descendent en foule
dans les plaines, et se rendent vers

les embouchures des rivières pour prendre des poissons, qui abondent dans toutes les eaux de cette péninsule : s'ils en trouvent en grande quantité, ils n'en mangent que la tête; et toutes les fois que le hasard leur fait rencontrer un filet ou une nasse de pêcheur, ils la retirent de l'eau avec beaucoup d'adresse en s'emparant de ce qu'elle contient.

Lorsqu'un Kamtschadale aperçoit un de ces animaux, il cherche à gagner de loin ses bonnes grâces, en accompagnant ses gestes de paroles engageantes : les ours sont, à la vérité, si familiers dans ce pays, que les femmes, et même les jeunes filles, vont chercher des herbes, des racines, et de la tourbe pour leur feu, au milieu d'un troupeau d'ours qui ne leur font aucun mal; et si quelqu'un de ces animaux s'approche d'elles, c'est seulement pour manger quelque chose dans leurs mains. Jamais on ne les a vus attaquer un homme, à moins que ce ne fût lorsqu'ils avaient été réveillés en sursaut ; et il arrive rarement qu'ils se jettent sur le chasseur, soit qu'ils soient blessés, ou qu'ils ne le soient pas.

Cette douceur dans le naturel de l'ours du Kamtschatka ne le met cependant pas à l'abri de la persécution ; armé d'une massue ou d'une lance, le Kamtschadale va à la quête de cet animal paisible, et le cherche jusque dans le calme de sa retraite ; l'ours, qui dans son intérieur ne médite aucun projet d'attaque, et qui ne songe qu'à sa défense, prend gravement les fagots que son ennemi lui présente, et s'en sert pour boucher l'entrée de sa caverne : cette ouverture une fois bien close, le chasseur en perce le faîte, et enfonce sans danger, par le trou qu'il a fait, sa lance au travers du corps de l'animal. Quelquefois les Kamtschadales étendent sur le passage fréquenté par un ours une planche hérissée de clous, et placent auprès de cette planche quelque chose de lourd que l'animal fait tomber en passant. Alarmé par le bruit de cette chute, il court sur la planche avec plus de précipitation qu'il ne l'aurait fait sans cela; et, sentant une de ses pates fixée par les clous, il cherche à la dégager en appuyant fortement avec l'autre; mais, ses blessures et sa douleur ne faisant que s'accroître, il se lève sur ses mains de derrière, et ramène ainsi devant ses yeux la planche clouée à ses mains de devant. Cet aspect le désole tellement qu'il se jette à terre, pousse des hurlements affreux, et meurt dans les souffrances les plus vives.

Dans quelques cantons de la Sibérie, les chasseurs élèvent un échafaud composé de plusieurs madriers posés

les uns sur les autres, qui tombent
ensemble, et écrasent l'ours quand il
pose le pied sur une trape établie sous
cet amas de charpente. Une autre
méthode de prendre les ours est de
creuser des fosses, au milieu desquelles est enfoncé un pieu lisse et
pointu par son extrémité supérieure,
qui s'élève à environ un pied de terre.
Ce fossé est soigneusement couvert de
gazon, et l'on dispose, au milieu du
sentier que l'ours a coutume de suivre,
une petite corde à laquelle est fixée
une figure élastique en bois; aussitôt
que l'animal touche cette corde, la
figure de bois se dresse, et paraît debout; l'ours, qui en a peur, cherche
à se sauver en prenant la fuite; mais
il tombe avec violence dans la fosse,
et est éventré par le pieu fixé en terre.
S'il échappe à ce piége, des tiges de
fer pointues, semblables à celles qui
incommodent la cavalerie d'une ar-

mée ennemie, et placées à une petite distance de la fosse, attendent l'animal qui se trouve effrayé de nouveau par une autre figure de bois placée au milieu de ces espèces de chevaux de frise. Plus le malheureux ours s'efforce de s'arracher de ces lieux, et plus il s'y fixe lui-même ; et le chasseur, qui se tient en embuscade, l'a bientôt mis à mort.

Les Koriaques prennent ces animaux par le procédé suivant : ils cherchent quelque arbre tortu qui a pris en croissant une forme arquée, et attachent à son extrémité courbée un nœud coulant et un appât : l'ours affamé convoite cet objet, et grimpe avec précipitation sur l'arbre ; mais, dès qu'il agite ses branches, le nœud coulant se serre, et la suffocation qu'éprouve l'animal le fait tomber de l'arbre auquel il reste suspendu.

Dans les parties montueuses de la

Sibérie, les gens qui font la chasse à l'ours attachent un billot très pesant à une corde, dont l'autre extrémité se termine par un nœud coulant. Cet appareil est auprès d'un précipice, sur le chemin que l'ours a coutume de fréquenter. Ce quadrupède, qui, après avoir fourré son cou dans le nœud coulant, se trouve embarrassé par l'obstacle, s'en saisit avec fureur, et jette dans le précipice le billot, qui l'entraîne avec lui au fond de ce gouffre, où il meurt de sa chute. Si la chose ne se passe pas ainsi, il traîne le billot au haut de la montagne, et répète ses efforts jusqu'à ce que, sa rage étant portée à l'extrême, il succombe de fatigue, ou met un terme à ses maux en se précipitant dans l'abîme.

L'ours est friand de miel, et ce penchant a donné aux Russes l'idée d'un moyen de prendre cet animal : ils suspendent à une longue courroie un billot le long du tronc de l'arbre où des mouches à miel ont déposé leur ruche. Quand l'ours grimpe sur cet arbre pour parvenir au rayon de miel, se trouvant gêné par ce billot, il le pousse de côté, et cherche aussitôt à gravir ; mais le billot, en revenant sur lui, le frappe si fort, que, dans un mouvement de colère, l'animal le jette loin de lui avec force, ce qui le fait encore retomber avec plus de violence, et il continue quelquefois cette manœuvre jusqu'à ce qu'il devienne victime de sa propre simplicité.

L'ÉLÉPHANT.

L'ÉLÉPHANT est le plus gros de tous les quadrupèdes, et, sous une infinité de rapports, il mérite toute notre attention. Quand il est parvenu à sa croissance, il a environ dix à douze pieds de hauteur, depuis les pieds jusqu'à la partie la plus élevée du dos, qui lui-même est large de six ou sept pieds, et un peu protubérant. L'éléphant a le corps ramassé, une grosse tête, le cou très court, une trompe qui descend jusqu'à terre, une petite gueule étroite, avec deux défenses qui tiennent à la mâchoire supérieure, des deux côtés de la trompe, sans compter huit grosses dents mâchelières; de petits yeux perçants et spirituels, et de grandes oreilles pendantes. Ses jambes sont rondes et massives, et lui servent pour ainsi dire de piliers pour soutenir un poids aussi énorme ; ses pieds sont courts, ceux de devant sont plus larges et plus ronds que ceux de derrière ; *il* a la peau très dure, principalement sur la poitrine ; sa couleur est d'un

brun foncé, tirant sur le noir. « La
« trompe de l'éléphant, dit M. de
Buffon, « est composée de membra-
« nes, de nerfs et de muscles ; c'est
« en même temps un membre, ca-
« pable de mouvement, et un organe
« de sentiment ; l'animal peut non
« seulement la remuer, la fléchir,
« mais il peut aussi la raccourcir,
« l'alonger, la courber, et ¡la tour-
« ner en tous sens. L'extrémité de la
« .trompe est terminée par un rebord
« qui s'alonge par dessus en forme
« de doigt. C'est par le moyen de
« ce rebord que l'éléphant fait tout
« ce que nous faisons ; il ramasse à
« terre les plus petites pièces de
« monnaie ; il cueille les herbes et
« les fleurs en les choississant une à
« une ; il dénoue un cordon, et ferme
« les portes en tournant les clefs et
« en poussant les verroux. »

C'est une merveille que la facilité

avec laquelle l'éléphant fait mouvoir cette trompe, qui a six ou sept pieds de long, et est d'un volume considé-rable à son origine, quoiqu'elle aille en diminuant jusqu'à son extrémité. Le peu d'étendue du cou de ce quadru-pède est compensé par la longueur de sa trompe, dont la structure est admirable, et qu'il applique avec tant d'agilité à ses besoins, que le docteur Derham la regarde comme une preuve manifeste de la sagesse divine.

Les dents mâchelières de l'élé-phant sont d'une telle grosseur, tant à la mâchoire inférieure qu'à la mâ-choire supérieure, qu'elles contri-buent à rendre sa gueule étroite ; mais il lui serait inutile de l'avoir plus large, parce que la force de ses dents est telle qu'il broie du premier coup les aliments, et que par conséquent il n'a pas besoin de les porter de-çà et de-là dans sa gueule pour leur faire subir une plus longue mastication, comme cela arrive à la classe des autres brutes. Sa langue est, par la même raison, petite, courte et ronde, et non plate et mince, comme celle des animaux en général ; la surface en est unie.

Les défenses de ce quadrupède, qui produisent l'ivoire, varient par la grosseur et l'étendue ; les plus longues qu'on ait importées en Angleterre sont de sept à huit pieds, et pèsent de cent à cent cinquante livres. On n'en voit que très rarement aux femelles : lorsqu'elles en ont, ces défenses sont très petites, et leur direction est tournée vers la terre.

« Dans l'homme et les animaux, pour nous servir des expressions de M. de Buffon, car rien ne peut remplacer le style de ce grand naturaliste, « l'épiderme est partout

« adhérent à la peau ; dans l'élé-
» phant, il est seulement attaché par
« quelques points, comme le sont
« deux étoffes piquées l'une sur l'au-
« tre. Cet épiderme est naturelle-
« ment sec, et fort sujet à s'épaissir ;
« partout où cette peau n'est pas
« calleuse, dans les gerçures, et dans
« les autres endroits où elle ne s'est
« ni desséchée ni durcie, la piqûre
« des mouches se fait si bien sentir
« à l'éléphant, qu'il emploie, non
« seulement ses mouvements, mais
« même les ressources de son intel-
« ligence pour s'en délivrer ; il se
« sert de sa queue, de ses oreilles,
« de sa trompe, pour les frapper ; il
« fronce sa peau partout où elle peut
« se contracter, et les écrase entre
« ses rides ; il prend des branches
« d'arbres, des rameaux, des poi-
« gnées de longue paille pour les
« chasser ; et lorsque tout cela lui

« manque, il ramasse de la poussière
« avec sa trompe, en couvre tous
« les endroits sensibles. On l'a vu
« se poudrer ainsi plusieurs fois par
« jour, et se poudrer à propos, c'est-
« à-dire, en sortant du bain. »

La principale nourriture de l'é-
léphant est l'herbe ; et quand il n'en
peut pas trouver, il déterre des racines avec ses défenses : il a un odorat
très fin, au moyen duquel il parvient
facilement à découvrir sa nourriture,
et à éviter toute espèce de plantes
nuisibles. Lorsqu'il est apprivoisé, il
mange du foin, de l'avoine et de
l'orge, et boit une quantité d'eau
considérable, qu'il aspire avec sa
trompe, et qu'il porte ensuite à sa
gueule. Il paraît qu'on était dans
l'usage de donner aux éléphants des
liqueurs spiritueuses, pour les eni-
vrer et les rendre furieux, lorsqu'on
s'en servait dans les combats.

On prétend que l'éléphant fournit une très longue carrière, et qu'il vit depuis cent, cent vingt, jusqu'à trois cents ans. Tavernier, qui a voyagé dans l'Inde, dit qu'il n'a jamais pu s'assurer de la durée positive de la vie d'un éléphant, mais qu'un cornac lui a déclaré en connaître un qui avait été sous la garde du *père du grand-père de son grand-père*, ce qu'il calcula devoir s'élever à cent vingt ou cent trente ans. Il est généralement reconnu que cet animal parvient à un âge très avancé, quoiqu'il soit sujet à beaucoup de maladies.

Les éléphants prennent le plus grand soin de leurs petits, et préfèrent mourir à leur voir perdre la vie. D'après M. de Buffon, « ils « marchent ordinairement de com- « pagnie ; le plus âgé conduit la « troupe ; le second d'âge les fait

« aller, et marche le dernier ; les
« jeunes et les femelles sont au mi-
« lieu des autres ; les mères portent
« leurs petits et les tiennent embras-
« sés de leurs trompes.

Lorsque les éléphants rencontrent
quelque individu de leur espèce mort
dans les bois, ils couvrent son ca-
davre de branches d'arbres, d'her-
bages, et de tout ce qu'ils peuvent
trouver ; et si l'un d'eux est blessé,
les autres en prennent soin ; ils lui
apportent de la nourriture, et se réunissent tous pour le sauver de la
poursuite des chasseurs.

« L'éléphant une fois dompté,
continue M. de Buffon, « devient le
« plus doux et le plus patient de
« tous les animaux ; il s'attache à ce-
« lui qui le soigne, il le caresse, le
« prévient, et semble deviner tout ce
« qui peut lui plaire ; en peu de temps
« il vient à bout de comprendre les

« signes et même d'entendre l'ex-
« pression des sons ; il distingue le
« ton impératif, celui de la colère ou
« de la satisfaction, et il agit en con-
« séquence ; il ne se trompe pas à la
« parole de son maître ; il reçoit ses
« ordres avec attention, les exécute
« avec prudence et empressement,
« sans précipitation, car ses mou-
« vemens sont toujours mesurés, et
« son caractère paraît tenir de la gra-
« vité de sa masse ; on lui apprend
« aisément à fléchir le genou, pour
« donner plus de facilité à ceux qui
« veulent le monter ; il caresse ses
« amis avec sa trompe, et salue les
« gens qu'on lui fait remarquer ; il
« s'en sert pour enlever des fardeaux,
« aide lui-même à les charger ; il
« se laisse vêtir, et semble prendre
« plaisir à se voir couvert de harnais
« dorés et de housses brillantes. On
« l'attache par des traits à des cha-

« riots, des navires, des cabestans;
« il tire également, continuement,
« et sans se rebuter, pourvu que l'on
« ne l'insulte pas par des coups don-
« nés mal à propos, et qu'on ait l'air
« de lui savoir gré de la bonne vo-
« lonté avec laquelle il emploie ses
« forces. Son cornac, ou celui qui
« le conduit ordinairement, est mon-
« té sur son cou, et se sert d'une
« verge de fer, dont l'extrémité fait
« le crochet, et qui est armée d'un
« poinçon avec lequel on le pique
« sur la tête et à côté des oreilles
« pour l'avertir de détourner, ou le
« presser; mais souvent la parole
« suffit, surtout s'il a eu le temps de
« faire connaissance complète avec
« son conducteur, et de prendre en
« lui une entière confiance. »

Un de ces animaux, dans l'état
de domesticité, rend autant de service à son maître que six chevaux;

mais il exige beaucoup de soins , et une quantité considérable de bonne nourriture.

« Pour donner une idée de ses ser-
« vices, fait observer M. de Buffon ,
« il suffira de dire que tous les ton-
« neaux, sacs, paquets, qui se trans-
« portent d'un lieu à un autre dans
« l'Inde, sont voiturés par des élé-
« phants ; qu'ils peuvent porter des
« fardeaux sur leur corps, sur leur
« cou, sur leurs défenses, et même
« avec leur gueule, en leur présen-
« tant le bout d'une corde, qu'ils
« serrent avec leurs dents ; que,
« joignant l'intelligence à la force,
« ils ne cassent ni n'endommagent
« rien de ce qu'on leur confie ; qu'ils
« font tourner et passer ces paquets
« du bord des eaux dans un bateau,
« sans les laisser mouiller, les po-
« sent doucement, et les rangent
« où l'on veut les placer ; que, quand

« ils les ont déposés dans l'endroit
« qu'on leur montre, ils essaient avec
« leur trompe s'ils sont bien situés,
« et que, quand c'est un tonneau qui
« roule, ils vont d'eux-mêmes cher-
« cher des pierres pour le caler et
« l'établir solidement. »

« Un éléphant, dit-il ailleurs,
« venait de se venger d'un cornac en
« le tuant ; sa femme, témoin de ce
« spectacle, prit ses deux enfants et
« les jeta aux pieds de l'animal, en
« lui disant : Puisque tu as tué mon
« mari, ôte-moi la vie, ainsi qu'à
« mes deux enfants. L'éléphant s'ar-
« rêta tout court, s'adoucit ; et comme
« s'il eût été touché de regret, prit
« avec sa trompe le plus grand de ces
« deux enfants, le mit sur son dos,
« l'adopta pour son cornac, et n'en
« voulut pas souffrir d'autre. »

LE RHINOCÉROS.

« Après l'éléphant, dit le Pline
français, « le rhinocéros est le plus
« puissant des animaux quadrupèdes:
« il a au moins douze pieds de lon-
« gueur, depuis l'extrémité du mu-
« seau jusqu'à l'origine de la queue;
« six à sept pieds de hauteur, et la
« circonférence de son corps est à
« peu près égale à sa longueur. Il
« approche donc de l'éléphant par
« le volume et par la masse, et s'il
« paraît plus petit, c'est que ses jam-
« bes sont bien plus courtes à pro-
« portion que celles de l'éléphant;
« mais il en diffère beaucoup par les
« facultés naturelles et par l'intelli-
« gence, n'ayant reçu de la nature
« que ce qu'elle accorde assez com-
« munément à tous les quadrupèdes.
« Privé de toute sensibilité dans la

« peau ; manquant de mains et d'oi
« ganes distincts pour le sens du
« toucher ; n'ayant, au lieu de trom-
« pe , qu'une lèvre mobile dans la-
« quelle consistent tous ses moyens
« d'adresse, il n'est guère supérienr
« aux autres animaux que par la for-
« ce, la grandeur, et l'arme offen-
« sive qu'il porte sur le nez, et qui
« n'appartient qu'à lui : cette arme
« est une corne très dure, solide
« dans toute sa longueur, et placée
« plus avantageusement que les cor-
« nes des animaux. Celles-ci ne mu-
« nissent que les parties antérieures
« du museau, au lieu que la corne
« du rhinocéros défend toutes les
« parties antérieures du museau, et
« préserve d'insulte le mufle, la bou-
« che et la face. »

La corne du rhinocéros a quelquefois trois pieds de long et huit de
circonférence à sa base ; elle lui sert

à se défendre contre l'attaque de toute espèce d'animaux féroces ; elle est disposée de manière qu'elle est susceptible de faire les blessures les plus profondes, et qu'il peut en tirer le plus grand parti ; car, tandis que l'éléphant, l'ours, le sanglier, et le buffle, sont obligés de frapper de travers avec leurs armes, le rhinocéros applique toutes ses forces à chaque coup qu'il porte : le tigre en conséquence, malgré toute sa férocité, s'expose rarement à attaquer cet animal et à le coiffer, parce qu'en le faisant il courroit risque d'être éventré.

Le corps et les membres du rhinocéros sont défendus par une peau noirâtre, couverte de tubérosités, et si dure qu'elle est impénétrable aux coups de poignard et de lance ; elle est plissée par de grosses rides au cou, aux épaules, et à la croupe. On prétend que, pour tirer sur un rhino-

céros parvenu à toute sa croissance ,
il faut employer des balles de fer ,
celles de plomb étant sujettes à s'a-
platir contre sa peau, qui cependant,
entre ses plis et sous le ventre , est
molle et d'une couleur de chair tendre.

« La mâchoire supérieure de l'ani-
« mal , pour nous servir des expressions de M. de Buffon, « avance sur
« l'inférieure ; la lèvre de dessus a
« du mouvement, et peut s'alonger
« jusqu'à six et sept pouces de lon-
« gueur : elle est terminée par un ap-
« pendice pointu, qui donne à cet
« animal plus de facilité qu'aux autres
« quadrupèdes pour cueillir l'herbe
« et en faire des poignées à peu près
« comme l'éléphant en fait avec sa
« trompe, mais qui ne laisse pas de
« saisir avec force et de palper avec
« adresse. »

Le rhinocéros est ordinairement

d'un naturel doux et paisible; mais quand on l'attaque ou qu'on le provoque, il devient cruel et fort dangereux; il se montre quelquefois sujet à des accès de fureur que rien ne peut calmer.

M. de Buffon rend en ces termes les détails qui lui ont été donnés sur un rhinocéros par le docteur Parsons, et que nous regrettons d'être forcés d'abréger : « Le rhinocéros qui ar-
« riva à Londres en 1739 avait été
« envoyé du Bengale, quoique très
« jeune, puisqu'il n'avait que deux
» ans; les frais de sa nourriture et
« de son voyage montaient à près de
« 1000 liv. sterling. On le nourrissait
« avec du riz, du sucre et du foin;
« on lui donnait par jour sept livres
« de riz mêlé avec trois livres de su-
« cre qu'on lui partageait en trois
« portions; on lui donnait aussi beau-
« coup de foin, et d'herbes vertes ,

« qu'il préférait au foin ; sa boisson
« n'était que de l'eau, dont il buvait
« à la fois une grande quantité. Il
« était d'un naturel tranquille, et
« se laissait toucher sur toutes les
« parties de son corps ; il ne devenait
« méchant que quand on le frappait
« ou lorsqu'il avait faim ; et, dans
« l'un et l'autre cas, on ne pouvait
« l'apaiser qu'en lui donnant à man-
« ger. Lorsqu'il était en colère, il
« sautait en avant et s'élevait brus-
« quement à une grande hauteur, en
« poussant sa tête avec furie contre
« les murs ; ce qu'il faisait avec une
« prodigieuse vitesse malgré son air
« lourd et sa masse pesante. »

« Cet animal, à l'âge de deux ans,
« n'était pas plus haut qu'une jeune
« vache qui n'a pas encore porté ;
« mais il avait le corps fort long et
« fort épais. »

Un rhinocéros amené d'Atcham,

et qu'on faisait voir à Paris en 1748, était très doux et très caressant ; on le nourrissait principalement de blé et de foin ; et il paraissait surtout friand de plantes épineuses, comme le genêt. Ceux qui en avaient soin lui donnaient souvent des branches d'arbres armées d'épines fort aiguës ; mais ils les broyait entre ses dents sans en être incommodé : quelquefois à la vérité elles lui arrachaient des gouttes de sang de la gueule et de la langue ; mais ces pointes ne servaient qu'à aiguiser l'appétit de l'animal, et paraissaient assaisonner cette espèce de nourriture, comme le poivre et les épices assaisonnent les nôtres. Les yeux du rhinocéros sont petits et situés de manière qu'il ne peut voir que ce qui est placé en ligne directe devant lui ; mais le docteur Parsons assure qu'il est dédommagé de ce défaut par une qualité particulière ;

c'est d'avoir l'ouïe très fine , d'écouter avec une attention inquiète tous les bruits qu'il entend ; de sorte que, quoique endormi, ou très occupé à manger, ou enfin à satisfaire d'autres besoins , il lève à l'instant la tête et écoute avec la plus constante attention jusqu'à ce que le bruit qu'il entend ait cessé. Malgré la grosseur et la massive corpulence de ce quadrupède , on prétend qu'il court avec beaucoup de vitesse ; et qu'à l'aide de ses forces, de l'impénétrabilité de sa peau et de la dureté de sa corne, il renverse tous les obstacles qu'il rencontre, et fait plier les petits arbres sur son chemin comme des baguettes. Le rhinocéros, dans la manière de se nourrir et dans ses habitudes générales , ressemble à l'éléphant : il habite, comme ce dernier, les lieux frais , situés à la proximité des eaux et au milieu des forêts; mais il imite le cochon en se vautrant comme lui dans la fange.

L'ORANG-OUTANG.

CET animal est le plus gros de l'espèce des singes, et à raison de l'apparence extérieure de sa forme humaine, on lui a quelquefois donné le nom d'*homme des bois*. Cependant il a le nez plus plat, le front plus oblique, et le menton moins élevé à sa base que celui de l'homme; ses yeux sont aussi beaucoup plus près l'un de l'autre, et la distance entre son nez et sa bouche est infiniment plus grande : on découvre encore dans sa conformation interne des différences essentielles, qui démontrent que, malgré sa ressemblance apparente avec l'homme, l'intervalle qui sépare les deux espèces est immense.

Les rapports qui existent dans sa figure, dans son organisation, et dans les mouvements imitatifs qui semblent en résulter, ne le font pas plus approcher de la nature de l'homme, qu'ils ne l'élèvent au-dessus de celle de la brute.

Les orang-outangs examinés jusqu'à ce jour en Europe ont rarement excédé la hauteur de trois pieds ; mais les plus grands de ces animaux, que l'on dit être de six pieds, sont très vifs, et d'une force si prodigieuse qu'elle surpasse celle de l'homme le plus musculeux ; ils sont encore très vites à la course, et l'on ne peut les surprendre qu'avec la plus grande difficulté : leur pelage est d'un brun foncé ; leurs pieds sont nus, et leurs oreilles, ainsi que leurs doigts, ont beaucoup de ressemblance avec ceux de l'espèce humaine.

Ces animaux habitent les bois de

l'Afrique et de l'île de Borneo ; ils se nourrissent de fruits ; et quand ils approchent de la mer, ils mangent du poisson et des crabes. André Battel, voyageur portugais, qui fit sa résidence à Angola, près de dix-huit ans, en parle ainsi : « L'orang-outang est,
« dans toutes ses proportions, sem-
« blable à l'homme ; seulement il est
« plus grand ; grand, dit-il, comme
« un géant : il a la face comme l'hom-
« me, les yeux enfoncés, de longs
« cheveux aux côtés de la tête, le
« visage nu et sans poil, aussi-bien
« que les oreilles et les mains, le
« corps légèrement velu ; et il ne
« diffère de l'homme à l'extérieur,
« que par les jambes, parce qu'il n'a
« que peu ou point de mollets ; ce-
« pendant il marche toujours de-
« bout, dort sur les arbres, et
« se construit une hutte, un abri

« contre le soleil et la pluie ; il vit
« de fruits, et ne mange point de
« chair ; il ne peut parler, quoi-
« qu'il ait plus d'entendement que les
« autres animaux. Quand les nègres
« font du feu dans les bois, ces pon-
« gos viennent s'asseoir autour et se
« chauffer ; mais ils n'ont pas as-
« sez d'esprit pour entretenir le feu
« en y mettant du bois. Ils vont
« de compagnie, et tuent quelquefois
« des nègres dans des lieux écartés ;
« ils attaquent même l'éléphant ,
« le frappent à coups de bâton et
« le chassent de leurs bois. Enfin,
« on ne peut prendre ces pongos
« vivants , parce qu'ils sont si forts
« que dix hommes ne suffiraient pas
« pour en dompter un seul. »

Jobson nous apprend que, sur les
bords de la rivière de Gambe en Afrique, ces animaux s'assemblent quel-

quefois par troupeaux de trois ou quatre mille, marchant par rang de file,
le plus grand se mettant à la tête des
autres. Dans ces circonstances, ils se
montrent très audacieux et fort mé-
chants. Cet auteur déclare que, lorsqu'il passait avec son équipage devant eux, ils grimpaient sur des arbres et se mettaient à le regarder;
quelquefois ils secouaient de leurs
mains ces arbres avec une extrême
violence, en faisant craquer leurs
dents. Le soir, lorsque le navire était
à l'ancre, ils venaient prendre place
sur des rochers ou sur des hauteurs
qui dominent la mer; et quand les
gens de l'équipage descendaient à
terre, les plus grands de ces singes
venaient au-devant d'eux, et semblaient leur faire la grimace; mais
ils fuyaient toujours avec beaucoup
de précipitation lorsqu'on les atta-
quait. L'un d'eux fut tué d'un coup

de fusil qu'on lui tira du canot ; mais.
les autres l'avaient déjà emporté,
que le canot n'était pas encore amarré.
On trouva dans le bois leurs habitations, qui se composaient de plantes
et de branches d'arbres si bien en-
trelacées, qu'elles offraient un abri
très commode. Les ourang-outangs
montrent peu de cette vivacité et de
ce naturel folâtre qui distinguent
particulièrement les singes ; toutes
leurs actions sont beaucoup plus cal-
mes et plus réfléchies. Ils sont en état
de repousser l'éléphant avec des bâtons, ou seulement avec leurs poings ;
on en a vu jeter des pierres à des
personnes qui les insultaient. Si les
orang-outangs parviennent à découvrir un éléphant, ils l'attaquent et le
tuent. Bosman rapporte que derrière
le fort anglais de Wimba, sur la côte
de Guinée, plusieurs de ces animaux
tombèrent sur les esclaves de la com-

guie des Indes, et qu'ils en triomphè-
rent. Ils étaient sur le point de leur
crever les yeux avec des bâtons, lorsque heureusement une troupe de nègres vint à temps pour les secourir. On
a vu aussi des orang-outangs enlever
des négresses, et les emmener dans
les bois. Un négrillon, emporté par
un de ces singes dès le plus bas âge,
vécut parmi eux pendant plus d'un
an; à son retour, il en dépeignit
quelques-uns qui étaient aussi grands
et aussi gros qu'un homme, et dé-
clara qu'ils ne lui avaient fait aucun
mal. Les jeunes tettent leurs mères
en se tenant suspendus à leurs ma-
melles, et en leur serrant le corps
avec leurs mains; et toutes les fois
qu'une de ces femelles est tuée, ses
petits se laissent prendre sans faire
aucune résistance.

Les mœurs de ces animaux, quand
on les tient dans l'état de domesticité,

sont douces , paisibles , et n'ont rien
de cette dégoûtante férocité si remarquable dans les gros babouins et les
singes ; ils sont aussi fort dociles , et
font un infinité d'actions très amu-
santes.

M. Vosmaër nous a donné la relation suivante de l'orang-outang amené en Hollande dans l'année 1776.
« C'était une femelle ; en mangeant ,
« elle ne faisait point de poches la-
« térales au gosier, comme toutes
« les autres espèces de singes ; elle
« était d'un si bon naturel qu'on ne
« lui vit jamais montrer la moindre
« marque de méchanceté ou de fâ-
« cherie ; on pouvait , sans crainte ,
« lui mettre la main dans la bouche :
« son air avait quelque chose de
« triste.... Elle aimait la compagnie ,
« sans distinction de sexe , don-
« nant seulement la préférence aux
« gens qui la soignaient journelle-

« ment et qui lui faisaient du bien,
« qu'elle paraissait affectionner da-
« vantage ; souvent , lorsqu'ils se
« retiraient, elle se jetait à terre ,
« étant à la chaîne, comme au dé-
« sespoir, poussant des cris lamen-
« tables , et déchirant par lambeaux
« tout le linge qu'elle pouvait attra-
« per dès qu'elle se voyait seule. Son
« garde ayant quelquefois la coutu-
« me de s'asseoir auprès d'elle à
« terre, elle prenait du foin de sa
« litière, l'arrangeait à son côté, et
« semblait , par toutes ses démons-
« trations, l'inviter à s'asseoir au-
« près d'elle.

   « La marche ordinaire de cet ani-
« mal était à quatre pieds, comme
« celle des autres singes ; mais il
« pouvait bien aussi marcher debout
« sur les pieds de derrière ; et , muni
« d'un bâton, il s'y tenait appuyé
« souvent fort long-temps. Cepen-

« dant il ne posait jamais les pieds
« à plat à la façon de l'homme, mais
« recourbés en dehors; de sorte qu'il
« se soutenait sur les côtés extérieurs
« des pieds de derrière, les doigts
« retirés en dedans, ce qui dénotait
« une habitude à grimper sur les ar-
« bres.... Un matin nous le trouvâ-
« mes déchaîné.... et nous le vîmes
« monter avec une merveilleuse agi-
« lité contre les poutres et les lattes
« obliques du toit; on eut de la peine
« à le reprendre.... Nous remarquâ-
« mes une force extraordinaire dans
« ses muscles ; on ne parvint qu'avec
« beaucoup de peine à le coucher
« sur le dos ; deux hommes vigou-
« reux eurent chacun assez à faire
« à lui serrer les pieds, l'autre à lui
« tenir la tête , et le quatrième à lui
« repasser le collier par dessus la
« tête et à le fermer mieux. Dans cet
« état de liberté , l'animal avait, en-

« tre autres choses, ôté le bouchon
« d'une bouteille contenant un reste
« de vin de Malaga, qu'il but jus-
« qu'à la dernière goutte, et remit
« ensuite la bouteille à sa même
« place.

« Il mangeait presque de tout ce
« qu'on lui présentait : sa nourriture
« ordinaire était du pain, des racines,
« en particulier des carottes jaunes,
« toutes sortes de fruits, et surtout
« des fraises ; mais il paraissait singu-
« lièrement friand de plantes aro-
« matiques, comme du persil et de
« sa racine : il mangeait aussi de la
« viande bouillie ou rôtie, et du pois-
« son. On ne le voyait point chasser
« aux insectes, dont les autres es-
« pèces de singes sont d'ailleurs si
« avides.... Je lui présentai un moi-
« neau vivant, il en goûta la chair,
« et le rejeta bien vite dans la ména-
« gerie ; et, lorsqu'il était tant soit

« peu malade , je l'ai vu manger tant
« soit peu de viande crue , mais sans
« aucune marque de goût. Je lui don-
« nai un œuf cru qu'il ouvrit des
« dents , et suça tout entier avec beau-
« coup d'appétit.... Le rôti et le pois-
« son étaient ses aliments favoris ; on
« lui avait appris à manger avec la
« cuiller et la fourchette. Quand on
« lui donnait des fraises sur une as-
« siette , c'était un plaisir de voir
« comme il les piquait une par une ,
« et les portait à sa bouche avec la
« fourchette , tandis qu'il tenait de
« l'autre pate l'assiette. Sa boisson
« ordinaire était l'eau ; mais il buvoit
« très volontiers toutes sortes de vins,
« et principalement le Malaga , et
« s'essuyait ensuite les lèvres comme
« une personne....Après avoir mangé,
« si on lui donnait un cure-dent , il
« s'en servait au même usage que
« nous. On m'a assuré qu'étant à bord

« du navire il jouait avec les mate-
« lots, et allait comme eux querir sa
« portion à la cuisine.

« A l'approche de la nuit, il allait
« se coucher... Il ne dormait pas vo-
« lontiers dans sa loge, de peur, à ce
« qu'il me parut, d'y être enfermé;
« lorsqu'il voulait se coucher, il
« arrangait le foin de sa litière, le
« secouait bien, en apportait davan-
« tage pour former son chevet, se
« mettait le plus souvent sur le côté,
« et se couvrait chaudement d'une
« couverture, étant fort frileux.... De
« temps en temps, nous lui avons vu
« faire une chose qui nous surprit
« extrêmement la première fois que
« nous en fûmes témoins. Ayant pré-
« paré sa couche à l'ordinaire, il prit
« un lambeau de linge qui était au-
« près de lui, l'étendit fort propre-
« ment sur le plancher, mit du foin
« au milieu, et relevant les quatre

« coins du linge par dessus, port...
« paquet avec beaucoup d'adresse sur
« son lit pour lui servir d'oreiller,
« tirant ensuite la couverture sur son
« corps.... Une fois me voyant ou-
« vrir à la clef et refermer ensuite
« le cadenas de sa chaîne, il saisit
« un petit morceau de bois..... le
« fourra dans le trou de la serrure,
« le tournant et retournant en tous
« sens, et regardant si le cadenas
« ne s'ouvrait pas. »

En finissant nos entretiens, admirons ensemble, mes chers enfants, la
bonté du Créateur dans la grandeur
la variété infinie des productions e
des merveilles de la nature.

FIN.

IMPRRIMERIE DE J. GRATIOT,
rue du Foin Saint-Jacques, maison de
Reine Blanche.